奎文萃珍

鬳齋考工記解

［宋］林希逸 撰

文物出版社

圖書在版編目（CIP）數據

虙齋考工記解 / (宋) 林希逸撰. -- 北京 : 文物出版社, 2020.1
（奎文萃珍 / 鄧占平主編）
ISBN 978-7-5010-6287-4

Ⅰ. ①虙… Ⅱ. ①林… Ⅲ. ①手工業史 – 中國 – 古代 ②《考工記》– 研究 Ⅳ. ①N092

中國版本圖書館CIP數據核字(2019)第198273號

奎文萃珍
虙齋考工記解　〔宋〕林希逸　撰

主　　編：鄧占平
策　　劃：尚論聰　楊麗麗
責任編輯：李縉雲　李子裔
責任印製：張道奇

出版發行：文物出版社有限公司
社　　址：北京市東直門内北小街2號樓
郵　　編：100007
網　　址：http://www.wenwu.com
郵　　箱：web@wenwu.com
經　　銷：新華書店
印　　刷：藝堂印刷（天津）有限公司
開　　本：710mm × 1000mm　1/16
印　　張：22.25
版　　次：2020年1月第1版
印　　次：2020年1月第1次印刷
書　　號：ISBN 978-7-5010-6287-4
定　　價：140.00圓

序 言

《鬳齋考工記解》二卷，含《考工記釋音》二卷，宋代林希逸撰。清康熙年間通志堂刊本。

林希逸（一一九三—一二七一），字肅翁，一字淵翁，號鬳齋，又號竹溪，福清（今福建省福清市）人。嘉定末，客居壽陽，集林光朝、林亦之詩，名曰《吾宗詩法》。理宗端平二年（一二三五）進士，授平海軍節度使推官。淳祐六年（一二四六）二月，以國子録召試，當月除正字，十一月以正字除校書郎。淳祐七年（一二四七）兼莊文府教授，除樞密院編修官兼權工部郎官。八年（一二四八）出知興化軍，十年（一二五〇）移知饒州，同年刊《艾軒集》。景定二年（一二六一）除廣東運判，三年（一二六二）召除司封郎官，四年（一二六三）正月，以司農少卿兼直舍人院、國史院編修官、實録院檢討官、崇政殿説書，除秘書少監，四月除太常少卿，奉玉局祠。度宗咸淳四年（一二六八）擢秘書少監，次年擢翰林權直、遷太常卿，除秘書監，終中書舍人，直寶謨閣。

林希逸以道學名世，是南宋理學艾軒學派第三代傳人，師從陳藻。《宋元學案》卷四十七《艾軒學案》載其事，有《老子鬳齋口義》《列子鬳齋口義》《莊子鬳齋口義》闡述其理學思想，《四庫全書》收其《莊子口義》十卷。另有《易講義》四卷、《春秋正附篇》，今不傳。希逸能書善畫，工於詩文。劉克莊評其文『鍛煉攻苦而音節諧鬯，邊幅寬餘而經緯麗密』，贊其詩『槁幹中含華滋，蕭散中藏嚴密，窘狹中見紆餘』（《竹溪集序》），推許甚至。林希逸还著有《鬳齋前集》六十卷，已佚。又有《鬳齋續集》三十卷（又名《竹溪十一稿》），收入《四庫全書》，四庫館臣評此集『多應酬頌美之作』『詩亦多宗門語』『所論學問文藝之事，亦時有可取』，認爲他的詩文『雖不盡如劉克莊所稱，而尚不失前人軌度』。（《四庫全書總目》）

此書半頁十行，行二十字，白口，左右雙邊，單黑魚尾。卷端題名爲『鬳齋考工記解』，下題『鬳齋林希逸撰』。版心中鎸『考工記卷某』及頁數，版心上方有本版字數，版心下方有刻工姓名，并刻『通志堂』三字。

《考工記》爲春秋時期記述官營手工業各工種規範和製造工藝的文獻。西漢時，《周官》一書缺『冬官篇』，河間獻王劉德便取《考工記》補入。劉歆校書時改《周官》爲《周禮》，故《考工記》又稱《周禮·考工記》。《四庫全書總目》記載：『漢河間獻王取《考工記》補《周官》，於是《經》與《記》合爲一書，然後儒亦往往別釋之。唐有杜牧注，宋有陳祥道、林亦之、王炎諸家解，今并不傳，獨希逸此注僅存。宋儒務攻漢儒，故其書多與鄭康成注相刺謬。』希逸以明白淺顯之語爲古奥之經文作注，使初學易以尋求，以《三禮圖》中有關《考工記》的内容采摭附入，頗便於省覽。又因諸工之事非圖不顯，故收精美器物版畫近七十幅，以圖解經，同時在上下卷後各附釋音一卷，并以與漢儒不同、更具有個人與時代特色的方式解讀經典，形成此書，『讀《周禮》者至今猶傳其書焉』（《四庫全書總目》）。

是書精楷上版，圖文并茂，版心下鐫『通志堂』三字，卷末有『後學成德校訂』，可知此書乃《通志堂經解》刊本。《通志堂經解》是輯刻於康熙年間的一部闡釋儒家經義的大型叢書，收録先秦、唐、宋、元、明經解一百四十種，署名納蘭成德，以其室『通志堂』爲名，實爲徐乾學所輯而讓名於成德。《通志堂經解》於康熙十二年（一六七三）開始刊刻，至康熙十九年（一六八〇）主體部分刻完，後又有陸續的增補、校刊、改訂及刷印，大約於康熙三十年（一六九一）前後全部校刻完畢。據《續修四庫全書總目提要》『通志堂經解目録』條稱：『《通志堂經解》刻於康熙十五年，凡白紙初印，版心無「通志堂」三字，均徐乾學刻成時所印。後此版歸納蘭成德，始於版心下方補刻「通志堂」三字。』故此書非徐乾學初印本，其刊刻時間當在康熙十五年（一六七六）之後。

王俊雙

二〇一九年八月

宋林鬳齋先生著

考工記解

通志堂藏板

考工記解上下卷宋刊本半葉十行十八字白口左右双闌板心上記字數下記刊工人名有晉府書畫之印燕超堂書畫印吳郡趙頤光家經籍乾隆御覽之寶昔年見於廠市展轉爲慈谿李湛侯所得昨日假來竭二晨之力對勘一過改正數十事篇中墨釘亦填補十餘字其釋音下卷較正更夥篇末至補入八行至爲愉快昔何義門謂汲古宋本有闕葉應訪求補全茲本下卷空缺字雖亦屬爛板未能補齊而其裨益則已多矣 乙丑五月初六日傅增湘記

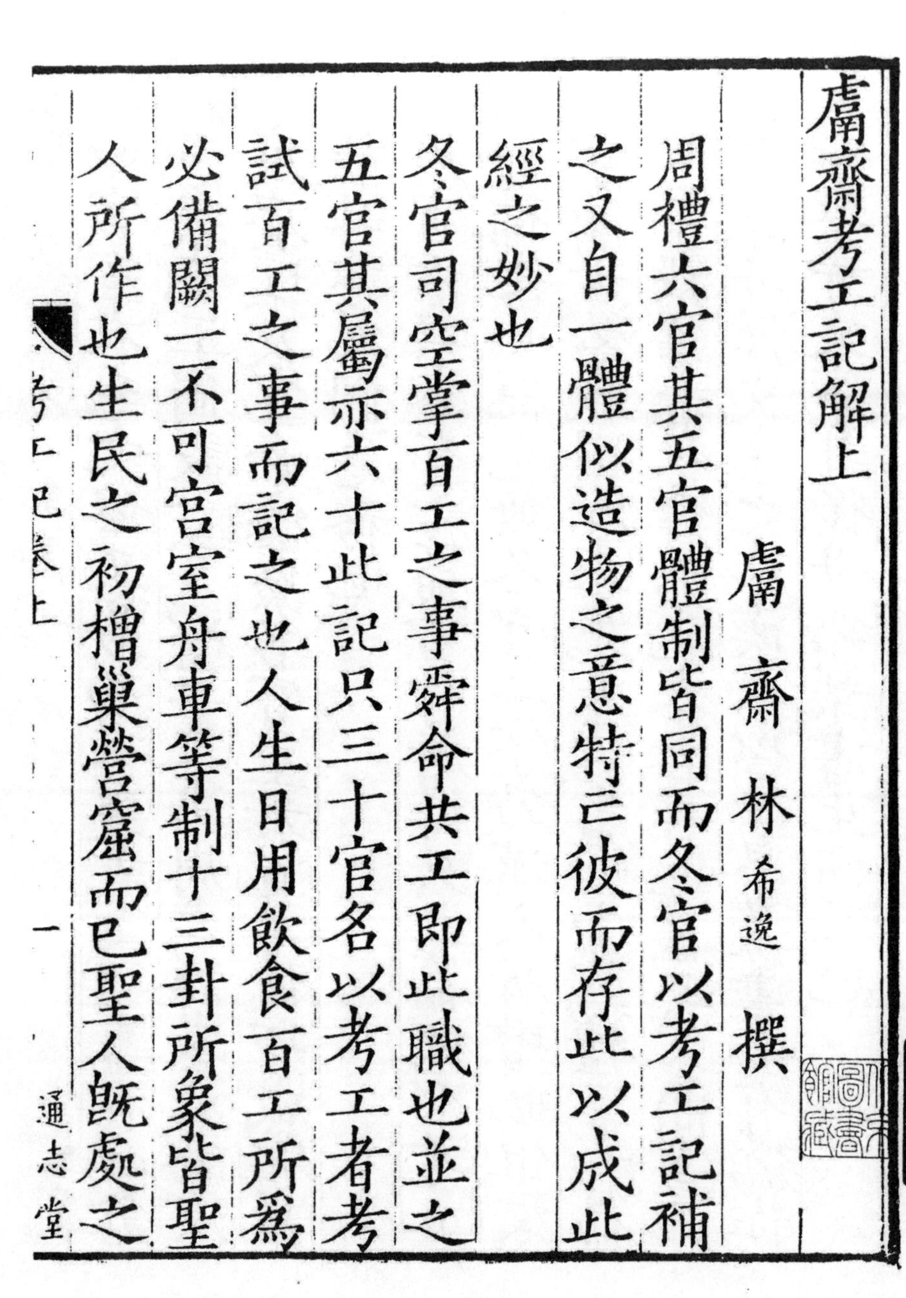

鬳齋考工記解上

鬳齋林希逸撰

周禮六官其五官體制皆同而冬官以考工記補之又自一體似造物之意特亡彼而存此以成此經之妙也

冬官司空掌百工之事舜命共工即此職也並之五官其屬亦六十此記只三十官名以考工者考試百工之事而記之也人生日用飲食百工所爲必備闕一不可宮室舟車等制十三卦所象皆聖人所作也生民之初橧巢營窟而已聖人既處之

以宮室衣毛之俗又易而衣裘百工之事自此愈多矣先王獨設一官以主之至周尤詳秦以來法度廢壞及宣帝總覈名實至於百工伎巧咸精其能此亦為國急務也

周官六典本有六篇當時所得只五篇故以考工記補之此記元無冬官二字乃漢人所增也但文字簡古必戰國以來先秦古書如小戴檀弓一篇公羊穀梁春秋傳亦先秦古書也蓋其文簡當且聱牙非漢文字之比漢人以金帛募書多有偽作如此等文字非後世鉛槧書生所及也

考工記不特爲周制也盡紀古百工之事故匠人以世室重屋明堂並言之三代制度皆在此也但書不全矣

此書續出闕略不全不止韋氏裘氏段氏等官而已其先後次序亦自參錯不齊如攻木之工輪輿弓廬匠車梓若以序言當在上篇今梓廬匠車弓皆在下篇而其序亦自不同又畫繢二官而止曰畫繢之事玉人亦然意其全書凡曰之事者皆總言之其列官自别即車人之事又有車人爲某爲某可知也況一官非止爲一事如輪人梓人匠人

車人皆一官之名而分主數事惜乎其不全見也

國有六職百工與居一焉

六職者坐而論道以下是也以百工與論道同說則知士農工商皆天地間要職無貴無賤若此記所論車蓋等象皆道也王公所論此亦其一也

或坐而論道或作而行之

以坐對作作起也尊者坐而論之以次則作而行之論事與任事自古便有分別但古者王公皆知道之士議論切實件件可行非後人空言比也

或審曲面勢以飭五材以辨民器

曲者審其文理曲直也面勢者視其方圓曲直如弓人所言近心達根之類皆須審察而用之唐太宗以弓矢定天下而不知弓材必弓工而後知其木心不正此豈易事哉五材即五行也鄭注以爲金木皮土玉此說未然天地間何物不屬五行哉玉即石也其性則屬火與土矣即此亦格物窮理之事也辨訓具注說也若以爲辨别而制作之於理亦通

或通四方之珍異以資之

此商旅事也漢初禁末作末作秦之所賤也秦人

有市籍者及父祖有市籍者皆爲人賤至高祖又禁服絲㒶乘馬冠竹皮冠不知貿遷有無是生民不可闕之事賤商賈後世事也孟子所言龍斷之事所以可賤也

或飭力以長地財

飭力則無惰游之民田畝之間最爭人力人力所及田無高下地財者財皆自地而生稼穡惟寶尒此財字之意

或治絲麻以成之

此婦功也自王公士大夫至於農工商無衣無褐

不可也考工諸官不及織紝之事疑有闕也

坐而論道謂之王公作而行之謂之士大夫審曲面勢以飭五材以辨民器謂之百工通四方之珍異以資之謂之商旅飭力以長地財謂之農夫治絲麻以成之謂之婦功

王公王之三公也主公猶曰帝臣也王朝三公曰王公此必三代時語鄭氏註以王爲天子公爲諸侯豈有天子而可列於國之六職乎作而行事是士大夫各宣力天地之間物物爲人世之用一人之身百工所爲備焉豈人人能自爲之必皆是相

資而成此吉凶大業所以立也生民日用相資一日不可闕所謂方以類聚物以羣分雖是紛紛不同而有至理行乎其間所論之道論此道也論道亦不止此然此等日用即道也

粤無鎛燕無函秦無廬胡無弓車粤之無鎛也非無鎛也夫人而能爲鎛也燕之無函也非無函也夫人而能爲函也秦之無廬也非無廬也夫人而能爲廬也胡之無弓車也非無弓車也夫人而能爲弓車也

鎛田器也函鎧甲也廬柄也弓車射獵用也車上有弓此言百工器械各隨土地所宜越無翦鎛之

人非無也蓋家家能之也燕近在北狄戎矢之具分外精絶秦多重山複嶺細木可以爲盧者多胡人在大漠之北居逐水草以射獵爲生以車爲家如漁人以舟爲家也車上有此弓而人人能之也所謂無者言無人以此專門名家也

智者創物巧者述之

凡創物規摹盡出於智者民木處則戰慄恂懼濕處則腰疾偏死穴居野處不可以爲安聖人易以宮室爲萬世之利凡人生日用之具衣服器皿皆出於前聖如神農種穀治藥燧人鑽火皆因以爲

號故曰百工之事聖人之作也千萬世而下皆陰
受聖人之賜而不自知今日用事事如此全備若
原其始豈易致哉述繼之也

守之世謂之工百工之事皆聖人之作也

語其官則謂之人論其世業則謂之氏韋氏裘氏
必皆世其業者如漢倉氏庫氏亦世其官也

鑠金以爲刃凝土以爲器作車以行陸作舟以行水
此皆聖人之所作也

金與沙雜以水淘之而後以火爍之方可以爲兵
刃人之有兵刃猶虎豹之有爪牙也凝聚也合也

合土以爲器自陶唐氏始作舟作車皆天地間最大之用皆聖人爲之首敘至此將言考工之事特出此四句文勢淺深有序此亦法也舟楫之事自十三卦已有之造舟爲梁西周亦有之風詩詠舟者不一然則舟車之用皆大矣考工言車而不及舟人之事豈攻木之工尚有遺闕邪

天有時地有氣材有美工有巧合此四者然後可以爲良材美工巧然而不良則不時不得地氣也

以下將言工匠之事先如此總敘以起語天時隨物所宜也如冬伐木夏伐竹是也地氣所宜如瘦

地宜栗陽坡種瓜是也材之美如燕角荊幹之類是也工巧則在人材雖美而取之不以時則雖美而用之不遠又有材雖同而所出非其地則若美而非美雖有巧工亦不爲良器此意蓋謂制作器用必得四者俱全如弓人所謂六材既具能者和之既總言如此下文却以地氣數件證之而材美天時却結之於後前後錯綜文字自佳

橘踰淮而北爲枳鸜鵒不踰濟貉踰汶則死此地氣然也

枳橘只是一種纔過淮則爲枳北方最重橘柚實

所無也鸜鵒不踰濟水過濟水則無之也魯史以
來巢書之則記異也貉狐也若過汶即死則知草
木禽獸各隨土地所宜

鄭之刀宋之斤魯之削吳粤之劒遷乎其地而弗能
爲良地氣然也

此皆鑠金爲刃之事鄭出良刀宋出良斤如運斤
成風之斤也削書刀也古人未有紙筆以刀雕字
謂之書刀亦如筆也吳越之劒如干將莫邪萬世
得名均此鐵也而工拙不同以水異也今建劒之
水亦宜爲刀如相州相纈只南中蘇木染之特水

異耳

燕之角荆之幹妢胡之笴吴粤之金錫此材之美者也

燕地耐寒故出角角耐寒物也荆之幹幹弓弩之材也妢胡胡子之國也笴箭榦也吴粤出金錫皆才之美者凡物隨土地所宜也

天有時以生有時以殺草木有時以生有時以死石有時以泐水有時以凝有時以澤此天時也

草木有時以生有時以死非特春生秋殺也隨其種性榮枯各有時也石最堅亦有時而泐泐裂也

水或爲凝冰或爲流澤時使然也此數行鋪敘天時地氣自有法度皆文法也

凡攻木之工七攻金之工六攻皮之工五設色之工五刮摩之工五摶埴之工二

前言皆序也此一凡字起端乃三十官之總目也

攻木之工輪輿弓廬匠車梓

輪車輪也輿車軫也所以載人也弓弓人也廬柄也兵器之柄專命一人主之且古字不通於後世者何限廬字若非訓詁何以知爲物柄哉匠營宮室之人也車一物也又有數人主之所以曰一車

而數工聚焉梓氏爲器用者今之小木匠也古人事事精至一人爲一工斯無雜念所以垂弓和矢三代皆寶之輪扁斲輪如此入妙疾徐甘苦得手應心非專心致意何以得此兩都賦所謂工用高曾規矩亦以世守之爲精至也

攻金之工築冶鳧㮚段桃

築書刀也冶爲戈戟亦爲箭鏃鳧爲鐘㮚爲量桃爲劒段巳失之必鍛鍊五金之工也

攻皮之工函鮑韗韋裘

函穿甲之工也鮑一作鞄音僕今消皮匠也韗爲

鼓穹者也韋氏已闕必爲生皮者裘氏亦闕不知
所主
設色之工畫績鍾筐㡆
畫績二官今記中只曰畫績之事必有缺漏不全
恐畫是爲墨本者績是用采色者鍾氏染羽筐氏
已闕或是綉作之工㡆氏練絲漢武帝畫周公輔
成王則畫工自古有之矣書曰作繪語曰繪事後
素是繅色之工也
刮摩之工玉楖雕矢磬
玉琢玉人也楖人雕人已缺矢爲箭之笴磬氏爲

石磬也

摶埴之工陶旊

陶旊皆窑匠也分作二官必有厚薄小大不同以上三十官而缺其六學記曰良弓之子必學爲箕良冶之子必學爲裘箕亦竹爲之學弓而先學箕此猶可通學冶而學裘殊無干涉艾軒曰冶氏爲殺矢裘乃皮匠恐是學爲射㮨此說亦未穩然裘氏已失安知其所主何事雖曰攻皮之工如韗人爲鼓穹是木匠也亦預攻皮之數冶氏又未必爲矢匠古人言語不可強解冶氏裘氏想有干涉處

其書已失亦難言矣

有虞氏上陶

下言車制謂其自周上輿所以制作愈備因上輿一語又自虞以來所尚言之文字之勢如此也註言舜至質雖已貴亦上陶器上者物物皆以陶爲之也如甒瓦棺是也甒祭器也瓦棺之大者亦難造不知當時如何

夏后氏上匠

易槽巢爲宮室其事已久豈特夏上之必至夏后氏以來方精緻也

殷人上梓

飲食之器必至殷而後精

周人上輿

周人尚文采古雖有車至周而愈精故一器而工聚焉如陶器亦自古有之舜微時巳陶漁矣必至虞時瓦器愈精好也

故一器而工聚焉者車為多

此一句又序言作車之事謂車一器也而數工方成有輪人輿人輈人等也

車有六等之數車軫四尺謂之一等戈柲六尺有六

寸既建而迆崇於軫四尺謂之二等人長八尺崇於戈四尺謂之三等殳長尋有四尺崇於人四尺謂之四等車戟常崇於殳四尺謂之五等酋矛常有四尺崇於戟四尺謂之六等車謂之六等之數

六等之數言高下有六等也自車軫四尺而始隨四尺增之以至六等車軫四尺軫者輿後橫木也從地下至輿上高四尺人長八尺登降以爲節此一等也戈柲六尺有六寸柲著輿上本是六尺六寸既建而斜倚向後只有四尺軫本四尺兼戈柄四尺是八尺矣此二等也戈四尺人長八尺立在

輿上是崇於戈四尺此三等也殳長尋有四尺人執殳立於車上如曰伯也執殳爲王前驅八尺曰尋尋有四尺是丈二也人長八尺殳長丈二又崇於人四尺此四等也車戟常倍尋曰常常丈六也又崇殳四尺是五等也酋矛長二丈戟長丈六此矛長二丈則又崇於戟四尺是六等也言六等之數却以人長八尺置其間蓋上下五者只一人之身可推其尺寸也古人律度量衡互相參攷亦此意也鄭玄云戈殳戟矛皆插車輢車輢車箱之傍也

凡察車之道必自載於地者始也是故察車自輪始

看此三句便見古文法本意只是察車必自輪始先發明一句曰必自載於地者始也又著是故二字多少曲折精神又發得意盡又好讀艾軒曰凡物皆從一處看起如看文章看寫字皆從何處看起此一車之制受重者輪故察車之工拙必自輪始也

凡察車之道欲其樸屬而微至不樸屬無以爲完久也不微至無以爲戚速也

此句形容車輪極工樸屬者欲堅固而有所附屬

謂其附於車如人生一臂也微至是着地處甚微眇也着地處若大便行不急如何得疾速戚即疾也三行之内兩箇凡察車之道他人則以爲冗也此正古文好處不可不子細看

輪已崇則人不能登也輪已庳則於馬終古登陁也

艾軒曰此等句語眞謂之古文使韓退之見之安得不俯首閣筆人長八尺若輪太高則登不得故只崇四尺若太卑則馬高而輪低雖行平地亦如登坡陁然蓋輪低則負於馬如人負物馬則勞矣終古猶終年也此必古語若無終古二字則形容

不出兩句兩輪字若以古文當省字則下句輪字可省蓋古文正要好讀有可省者有可省而不省者要自具眼

故兵車之輪六尺有六寸田車之輪六尺有三寸乘車之輪六尺有六寸

輪高六尺六寸惟田獵之輪減三寸欲其便於馳逐也

六尺有六寸之輪軹崇三尺有三寸也加軫與轐焉四尺也人長八尺登下以爲節

前說三項車輪兵車乘車尺寸本同亦可省而不

省者到此又提起六尺有六寸之輪一句多少精神若以冗字論之則不勝其冗矣論古文正不如此前言車軫四尺爲一等文勢未足又以此發明以足之也軫車箱後橫木也軹轂表也乃轂空壺中轉軸末也轐乃安軸者也又名伏兔鄭註云今人謂之車屐是也

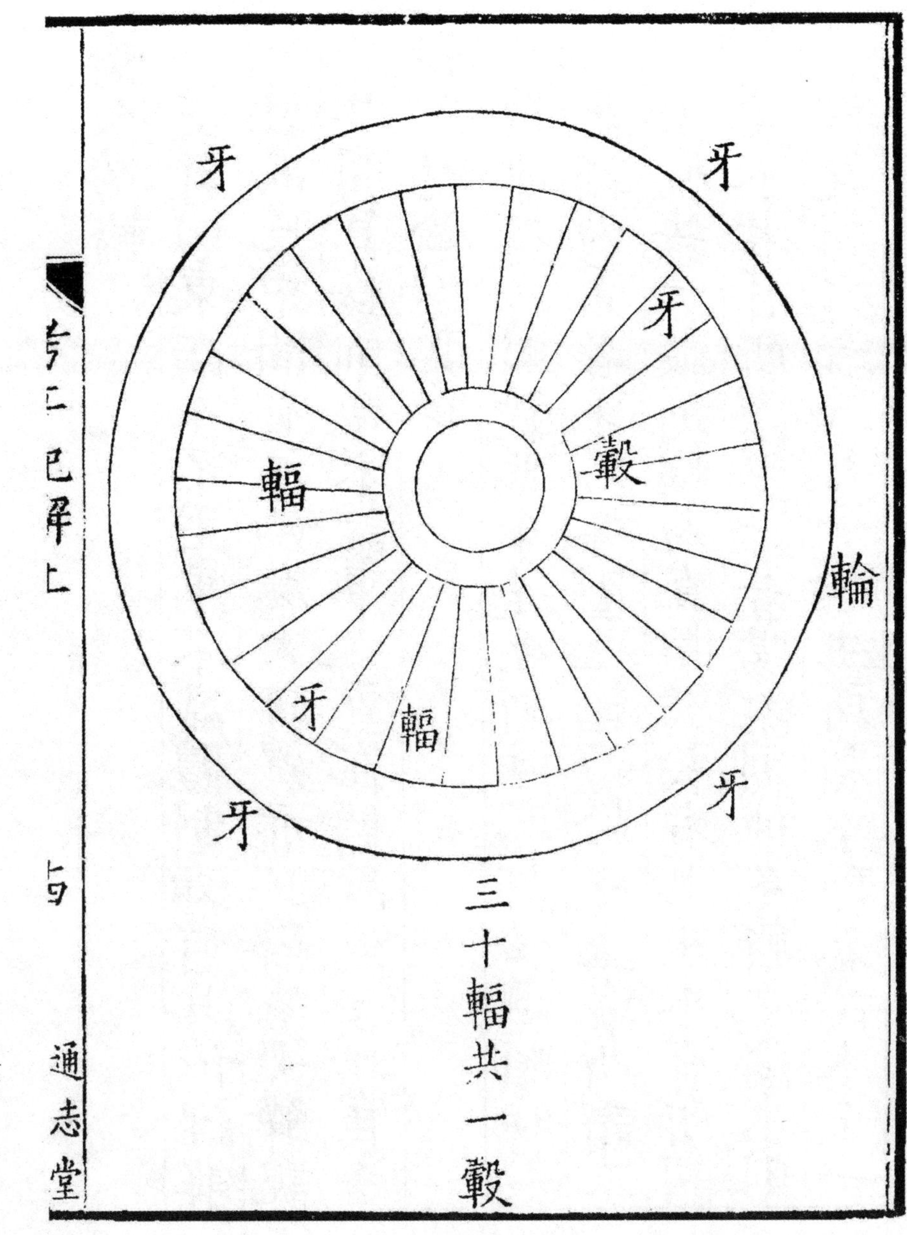

三十輻共一轂

輪人爲輪

艾軒曰東南人不用車不識體制如何且依經解註而已中間有三兩處大可疑亦只得依經解說其間算數則依本註車之重在輪故先言此官

斬三材必以其時

造車有三材轂輻牙是也斬此三材必須順時轂是輪内圓者牙乃外圈也輻乃輪中直者所謂三十輻共一轂則輻乃直指於轂者也凡木有所謂陰木者有所謂陽木者陽木則仲冬斬之陰木則仲夏斬之蓋五月一陰生所斬木即爲陰木十一

月一陽生所斬木即爲陽木又有隨其所宜而不
專以仲夏仲冬者

三材既具巧者和之
轂輻牙三者之材已具必須巧工方爲之和者調
適得宜也

轂也者以爲利轉也
軸在轂中轂盡善則隨軸而轉利者活也順也

輻也者以爲直指也
輻取其直以指上下上則轂下則牙也

牙也者以爲固抱也

牙乃捲而爲輪也此全才矯揉而爲之太和之世
山出器車蓋天生此才可見成爲輪不待人力也
固抱者如人抱之而堅固也

輪敝三材不失職謂之完

輪擧全體而言也輪雖敝故而所謂三材者皆不
失其職則是件件精好也職任也任木之謂職完
全也言其材全也

望而眂其輪欲其幎爾而下迆也進而眂之欲其微
至也無所取之取諸圜也

此下説輻輪轂三者之制輪即牙輪也望者直望

之望也回顧則謂之顧矣所謂車中不內顧顧者回視也一車兩輪謂之一兩如兩鞋爲一兩所謂戎車三百兩者三百乘車也幎是帖幎之幎迆字據訓詁如東北迆會于海之迆又訓斜幎爾是欲得帖車而下斜也帖車而下迆則輪之斜勢在下可見也進而眡之是近而細視也微至者着地處微小也着至也著地多則不謂之微至無所取之取諸圜也者言只欲其圜也

望其輻欲其掣爾而纖也進而眡之欲其肉稱也無所取之取諸易直也

掣爾者殺之狀也纖者小也輻之直指下要壯上要殺減且謂之輻合當皆壯今又要殺減何也蓋一轂之上著三十穿若不掣殺何緣入得所以入轂者宜殺入牙者宜壯艾軒云東南人不識車只據紙上語且如此說進而眡之者迫而視之也肉稱是輻轂牙之才皆相稱也肉材也無所取之只取其平易端直而已

望其轂欲其眼也進而眡之欲其幬之廉也無所取之取諸急也

轂是輪内圜者轂別有一軸旋轉此謂之轂者只

言其圜者也眼者突出也就牙輪側視轂須略見突出故謂之眼幬覆也謂以皮鞔在轂上也雖有皮鞔而木之廉隅皆見如木上生皮一同無所取之取其急也急者皮束得緊也稍寛則不可轉矣

眡其綆欲其蚤之正也察其菑蚤不齵則輪雖敝不匡

綆者牙輪之内所用也蚤與爪同就牙内而視爪之布置必正不咼斜也輻之入轂處爲菑入牙處爲爪上下入處皆不可不整也齵者參差不齊也輪雖敝不匡謂輪雖敝舊而此輻不乖斜也匡枉

也

凡斬轂之道必矩其陰陽陽也者稹理而堅陰也者疏理而柔

木性有陰陽非仲夏斬之即爲陰仲冬斬之即爲陽也矩法也隨木之陰陽自有法也陽木則文理縝密而堅陰木則文理疎麄而柔故用火烘炙要木性均等也爲轂既如此三材必皆然

是故以火養其陰而齊諸其陽則轂雖敝不藃

此一句甚工謂若用陰木必以火脅之使堅硬與陽木相齊則輪雖敝舊而所幬幔之皮皆不暴起

也故曰不藃轂以全木爲之牙亦以全木爲之
轂小而長則柞大而短則摯
柞是傾柞之柞摯是杌桯之摯不得小而長不得
大而短須要得中也
是故六分其輪崇以其一爲之牙圍參分其牙圍而
漆其二
輪崇六尺六寸牙圍一尺一寸三分牙圍而漆其
二是下一分不漆履地處也履地處要行不用漆
也
椁其漆內而中詘之以爲之轂長以其長爲之圍以

其圍之阞捎其藪

桲字箋注家訓度艾軒云恐亦是口相傳如此說今且依之看來考工記須是齊人爲之蓋言語似穀梁必先秦古書也輪有六尺六寸今度其漆内兩邊兩寸許合漆了只有六尺四寸就其中詘而爲二則一邊得三尺二寸以此爲轂長則轂長三尺二寸也伸而量則爲長圓而量則爲圍故曰以其長爲之圍若圍長三尺則徑一尺也以其圍之阞捎其藪三分之一謂之阞三尺二寸爲一圈是爲轂之圍藪是衆輻所入之處有三十孔以三尺

二寸之轂三分除一分以爲三十孔也捎除也藪孔也捎其藪鑿其木而爲孔也

五分其轂之長去一以爲賢去三以爲軹

轂長三尺二寸五分之去一分以爲賢去三分以爲軹賢是大穿軹是小穿鄭云去一字誤合爲去二則大小相稱賢是内穿也軹是外穿也外穿若大又恐轂中横木突出故去一以爲賢是内一孔大也去三以爲軹是外一孔小也此内穿外穿鄭氏以爲皆金也然亦未可曉恐是軸頭用金束之金之爲束内穿大外穿小蓋軸頭則金稍厚也凡

鐵皆曰金軸末亦名軑

容轂必直

轂直輪乃直故容轂不可不直容納也納輻於轂少不直則輪不平正矣

陳篆必正

篆所以約轂也詩曰約軝是上畫竒文故謂之陳篆陳篆不可不正者約之必平正也

施膠必厚

若施膠不厚則易得牽動

施筋必數

謂其束之多也數者不止一再束也

幬必負幹既摩革色青白謂之轂之善

幬者以皮鞔之也負幹者如木生皮也即前見廉之意既摩革青白謂之轂之善者言既鞔之矣因而摩之色青白不似皮色而其色青白則爲精好

參分其轂長二在外一在內以置其輻

轂長三尺二寸三分其轂長者取其伸數而言之也藪爲內藪之間爲外藪所以入轂之菑也二在外者二分在外也一在內者一分在內也以三分之一置其輻是以藪孔言也其不見處曰內其間

可見處曰外

凡輻量其鑿深以爲輻廣輻廣而鑿淺則是以大扤雖有良工莫之能固鑿深而輻小則是固有餘而強不足也故竑其輻廣以爲之弱則雖有重任轂不折

凡物有許大亦須有許深物之堅牢必大處與深處平若是輻廣而鑿淺則大小杌楻雖有良工亦不能使之堅固也鑿深而輻小則是堅固有餘而不勝其任故竑其輻廣以爲弱則雖有重任轂不折也竑注家亦訓度字今亦依之度其輻廣看有

幾何以爲之弱弱即菑也今人謂蒲本在於水中者爲弱弱即是本字之義帶牙處爲不帶轂處爲菑菑是本處也度其輻廣以爲之弱使廣與深相稱如此雖有重任而轂不折矣弱如字亦曰菑皆輻之入轂者也

參分其輻之長而殺其一則雖有深泥亦弗之溓也

輻乃入牙與輻者三分其長而末捎一分殺而小之則雖有深泥亦弗粘帶於輻也

參分其股圍去一以爲骹圍

股圍則近轂也近轂處壯故謂之股圍亦如人之

股也轂圍則近牙處也近牙處在下殺而小之亦如人脛近足者細於股謂之轂參分其股圍而去其一分以爲轂圍即上所謂三分而殺其一也

揉輻必齊

一輪則有三十輻揉其木必使齊同無小無大也

平沈必均

謂以三十輻用水試之必須均平無復輕重也

直以指牙牙得則無槷而固不得則有槷必足見也

謂輻之材貴乎直其指於牙若與牙相得則雖無槷亦固若不與牙相得則雖有槷而入牙處必竟

露也故謂之足足者近牙處也上文近轂處爲股圍則此近牙處當爲足也若入孔處不恰好則必用㮇用㮇則入孔處必有現露也㮇者㮇也近股則人不見近下足處則易見也

六尺有六寸之輪綆參分寸之二謂之輪之固綆未知何物鄭云輪箄則車行不掉恐是輪外兩邊有一重護牙者故亦名箄此曰三分寸之二爲輪之固牙加以綆則愈固也車人云大車綆寸此乘車綆必亦一寸也綆在牙輪外三分其一寸而以其二爲輻爪之孔處註云綆三分寸之二輻股

鑿之數也䟽云鑿牙之時孔向外侵三分寸之二使輻股外箄故曰輻股鑿之數鑿即孔也股字恐是骹字

凡爲輪行澤者欲杼行山者欲侔杼以行澤則是刀以割塗也是故塗不附侔以行山則是摶以行石也是故輪雖㡚不甐於鑿

注云杼是削薄其踐地者言牙輪之外中間踐地處削去少許而兩邊稍稜則泥塗不附著如刀割去之也侔注云上下等也謂牙輪之外無上下皆一同侔同也同則平如手摶石雖久㡚之後其孔

鑿之内皆不摇動也不平則行久其鑿處必動甐動摇意也

凡揉牙外不廉而内不挫旁不腫謂之用火之善

廉有芒刺起處也挫摺折處也腫暴起擁腫處也爲牙之木用火揉熨内外與兩旁皆平正無病方爲精好

是故規之以眡其圜也萬之以眡其匡也縣之以眡其輻之直也水之以眡其平沈之均也量其藪以黍以眡其同也權之以眡其輕重之侔也故可規可萬可水可縣可量可權也謂之國工

此數行結輪人一章其文最妙先取輪之圜既圜矣又於圜中取其方萬音矩義亦同匡無邪枉也正也輻分四圍縣而視之上下皆直是上與下輻皆相直也置輪全體於水中則知其無輕重爲平均也牙轂之藪皆以黍量則知其穿孔皆無小大深淺也以兩輪互秤之則知其輕重相侔也國工者一國所獨推也猶今曰國手也六箇可字結一句尤妙

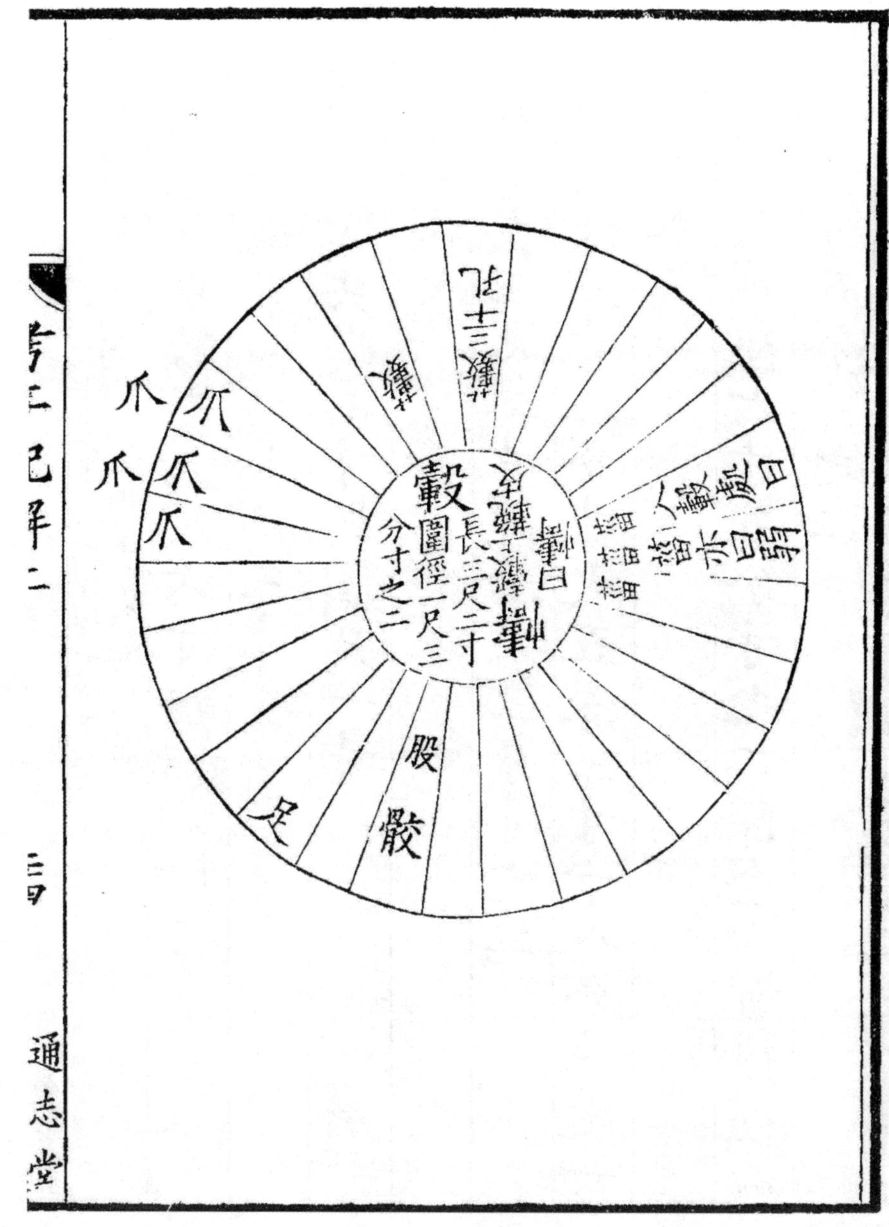
轂
長三尺二寸
圍徑一尺三
分寸之二
股
骹
足
爪
爪
爪
爪
爪

車上雜名尺寸 下車人別論大車牛車也尺寸又與此別

輪 兵車輪崇六尺六寸 乘車同田車減二寸

軹 乘車軹崇三尺三寸

軫與轐共崇七寸軫圍尺一寸

牙 圍尺一寸

轂 長三尺二寸徑一尺三分寸之二

藪 徑三寸九分寸之五深三寸十八分寸之一

分

賢 大穿徑六寸五分寸之二除金內實得徑四

寸五分寸之二

軹　小穿徑四寸十五分寸之四除金內實得徑二寸十五分寸之四圍三寸二十七分寸之七大小穿謂金也金厚一寸軹名有三轂末爲軹小穿爲軹車箱上木爲軹

綆　三分寸之二

輻　廣三寸半

輪人爲蓋

輪人爲輪今又爲蓋者以蓋亦圓體故亦爲之車上有蓋即蓋軫象天地者也

達常圍三寸

達常者蓋斗柄也乃近於蓋斗處圍三寸則其闊徑一寸

桯圍倍之六寸信其桯圍以爲部廣部廣六寸部長二尺桯長倍之四尺者二

桯音盈蓋之杠也讀如丹桓宮之楹達常之長二尺闊一寸下入於桯中桯圍倍達常之三寸則爲

六寸然後能上承達常也信其程圍則統其程圍而言之有六寸以爲部廣部者蓋斗也即今之繖頭是也部之廣有六寸部長二尺則連達常而言之乃有二尺之長桯之長則倍達常之四尺者二共有八尺兼達常二尺則有一丈此下文所謂蓋崇十尺者此也

十分寸之一謂之枚

十分寸之一者以一寸爲十分而一分爲一枚枚者枚數之也後世使枚枚字皆本於此

部尊一枚

部者蓋斗也上高一分也

弓鑿廣四枚鑿上二枚鑿下四枚鑿深二寸有半

弓傘骨也傘骨入鑿處廣四分鑿上有二分鑿下有四分兼鑿處四分則爲一寸則部正厚一寸也鑿深二寸有半者欲其入深則牢固也

下直二枚鑿端一枚

鄭云下直二枚者鑿孔下正而上低二分也直止也此處注䟽皆未明以意推之上言弓鑿廣四枚鑿上二枚鑿下四枚者謂鑿孔闊四枚其上二枚而下四枚是鑿孔上小而下大也不知古人之蓋

縁何不曾說蓋下短竹處切疑古人車蓋不曾合只張之車上無開合也乗車既設旌旗無蓋此特潦車遇雨則用想乗車纔出潦車即隨故潦車載簑笠以爲雨之備也

上文言廣此言深其孔内深處比孔又差小故曰下直二枚前言下直四枚此只二枚直者只之意也鑿端一枚則孔之内深處亦減一半故前鑿上二枚此曰鑿端一枚也前曰鑿上鑿下此又變文先曰下直二枚後曰鑿端一枚鑿端即鑿上但有孔内外之異耳

弓長六尺謂之庇軹五尺謂之庇輪四尺謂之庇軫

軹轂末出於輪外軫載人者比之輪又在內以六尺弓之長分此三句一件皆短一尺也輪比軹短一尺軫比輪短一尺

參分弓長而揉其一

弓傘骨也其勢稍彎是揉而成之也

參分其股圍去一以爲蚤圍

股者弓之近部處也蚤與爪同弓之末也爪之大小比股圍三分減一分也

參分弓長以其一爲之尊

尊高也弓下稍平其上則彎處多方可以庇人下二分稍平上一分却高此弓之勢也

上欲尊而宇欲卑上尊而宇卑則吐水疾而霤遠

尊是弓近部處宇是弓之彎處其庇人如屋宇吐水疾者言其勢斗則水去快而溜亦遠庶不濕軹與輪也霤屋霤也因上宇字故用霤字文法也

蓋已崇則難爲門也蓋已庳是蔽目也是故蓋崇十尺

蓋已高十尺又在車上是總爲丈四矣門高丈四亦已高矣不可更高則無許高之門矣已卑則蔽

目者言其宇也宇太低則人立處不見車前矣
良蓋弗冒弗紘殷畝而馳不隊謂之國工
冒者蒙以衣也紘者以線穿聯其弓也未紘未冒
之時馳而不隊則弓之入鑿者固也殷畝者橫馳
於畝中也橫畝必有高下車馳其間自有隱處必
桯杌搖動而此蓋之弓不隊則爲良蓋可知非國
手不能爲也殷音隱今人脚下有不平亦曰隱人

注云股爲三尺幾半通二尺爲五尺近半倍之加部斗六寸則兩相去不整丈一尺六寸以幾半只是約言之故曰不整

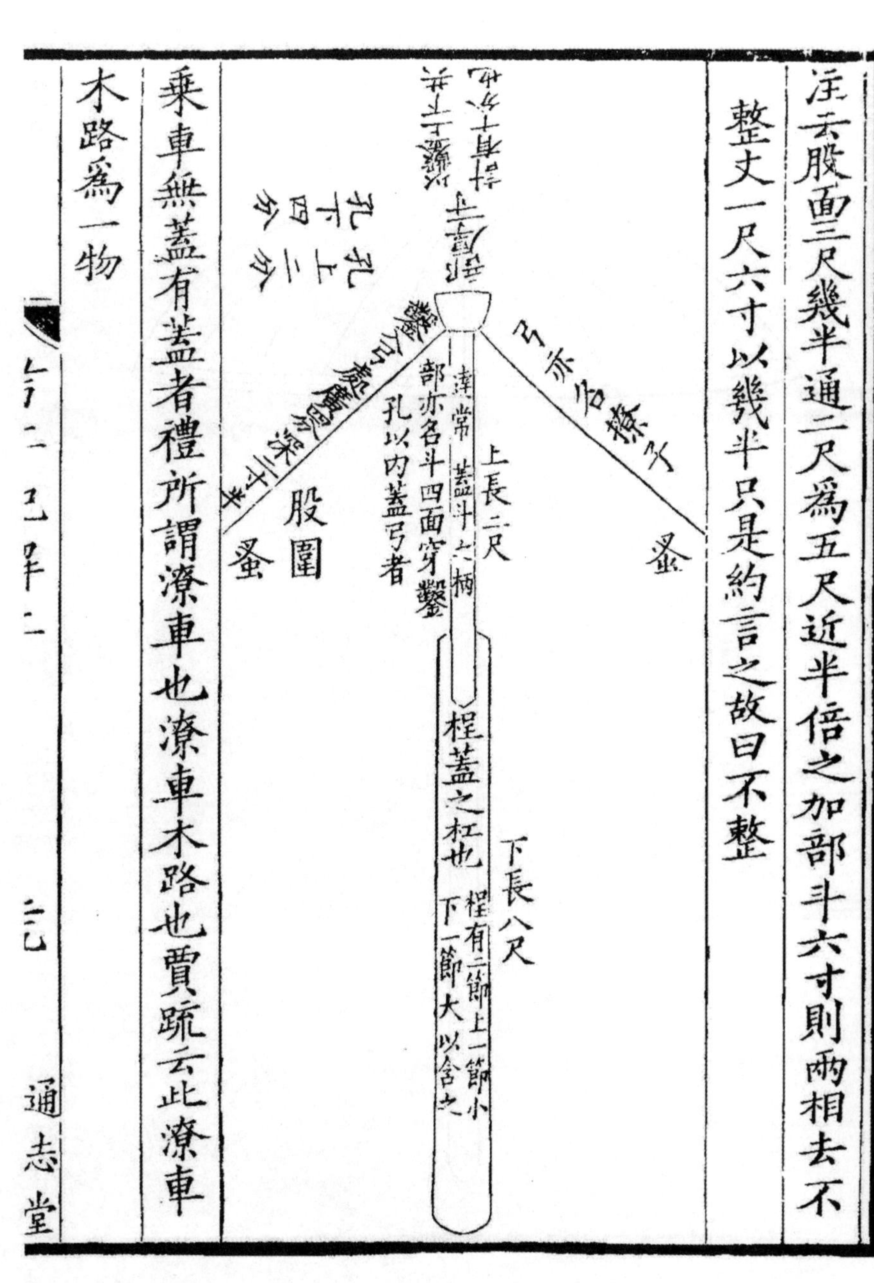

乘車無蓋有蓋者禮所謂潦車也潦車木路也賈疏云此潦車木路爲一物

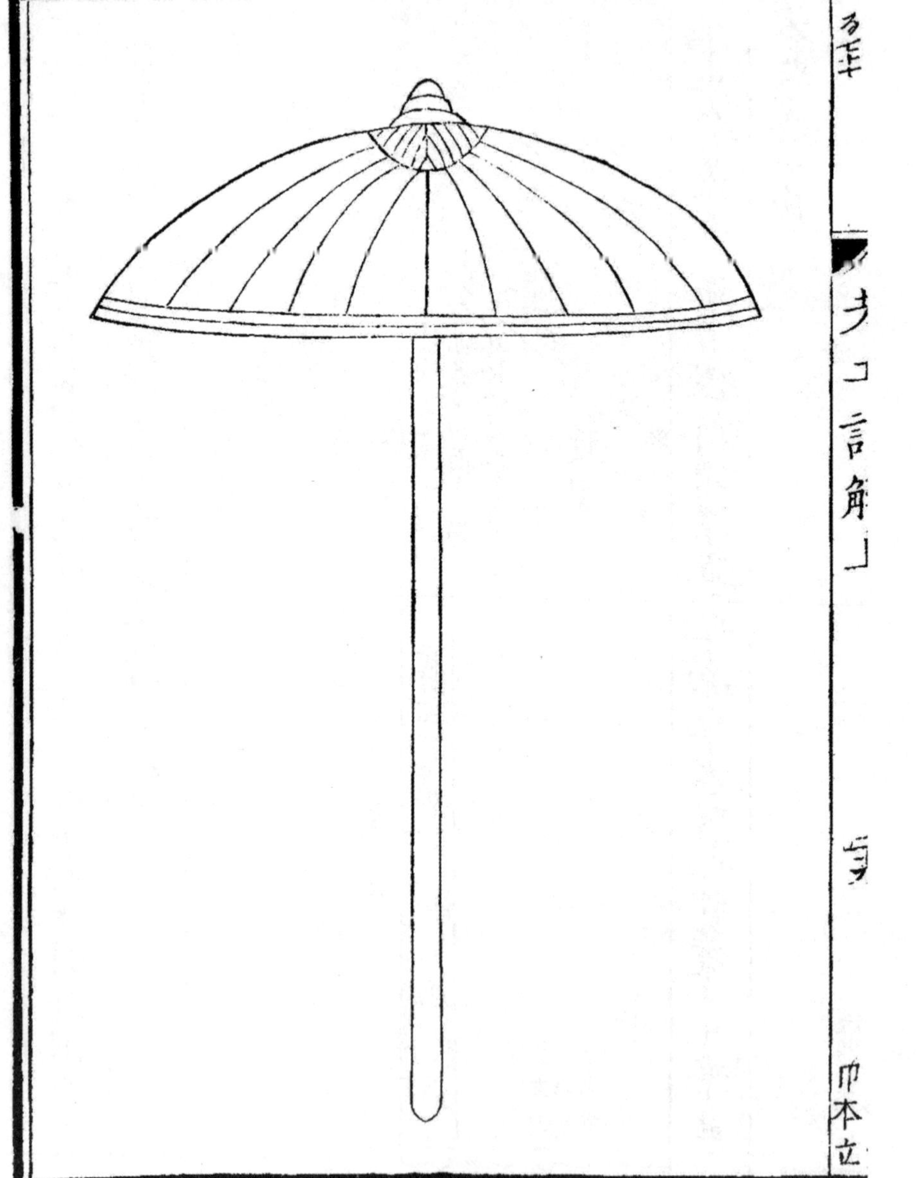

輿人爲車

車者總一車之事而言輪輿軫蓋皆車也既别以輪人故此曰輿人爲車者并輪蓋而安頓之也

輪崇車廣衡長參如一謂之參稱

輪論崇卑車論廣狹衡論長短三者尺寸皆同則相稱也車廣者車箱四方故以廣狹言之衡乃輈頸之上横而扼馬者注云輪車衡三者皆六尺六寸故曰參如一

參分車廣去一以爲隧

隧深也車横六尺六寸以其横三分之去其一則

兵車之深只有四尺四寸也

參分其隧一在前二在後以揉其式

三分其深一分在前二分在後人立其中式必近前方可也式横在車箱前人所憑而爲敬者也揉者揉其木使正直而爲之也

以其廣之半爲之式崇

式在較下其高只得廣之半也注云兵車之式高三尺三寸

以其隧之半爲之較崇

較在車箱前面又高於式者也式高三尺三寸此

又高於式二尺二寸故注云兵車自較而下五尺五寸也

六分其廣以一爲之軫圍

六分車之廣而軫之圍只有其一則軫圍得一尺一寸也

參分軫圍去一以爲式圍參分式圍去一以爲較圍

參分較圍去一以爲軹圍參分軹圍去一以爲轛圍

式又小於軫較又小於式軹又小於較轛又小於軹也車之前有式其兩相立木則式置其上立者爲轛橫者爲軹此非轂末之軹也轛乃較之上頭

也

圜者中規方者中矩立者中縣衡者中水直者如生焉繼者如附焉

此數句發明其制作之妙如生如附二句尤佳言其似非人所爲也莊子曰附贅縣疣附亦生而有也

凡居材大與小無并大倚小則摧引之則絶

大小欲得其所故曰居大與大并小與小并則居之得所大與小并小與大并則居之不得所矣以大而倚小則必有摧折之慮以小而倚大則牽引

而動小者力不任必絶斷也摧絶亦同但如此作文耳

棧車欲弇飾車欲侈

棧車不用皮束恐易損則宜弇者斂束不侈大也飾車則有結束雖侈不害

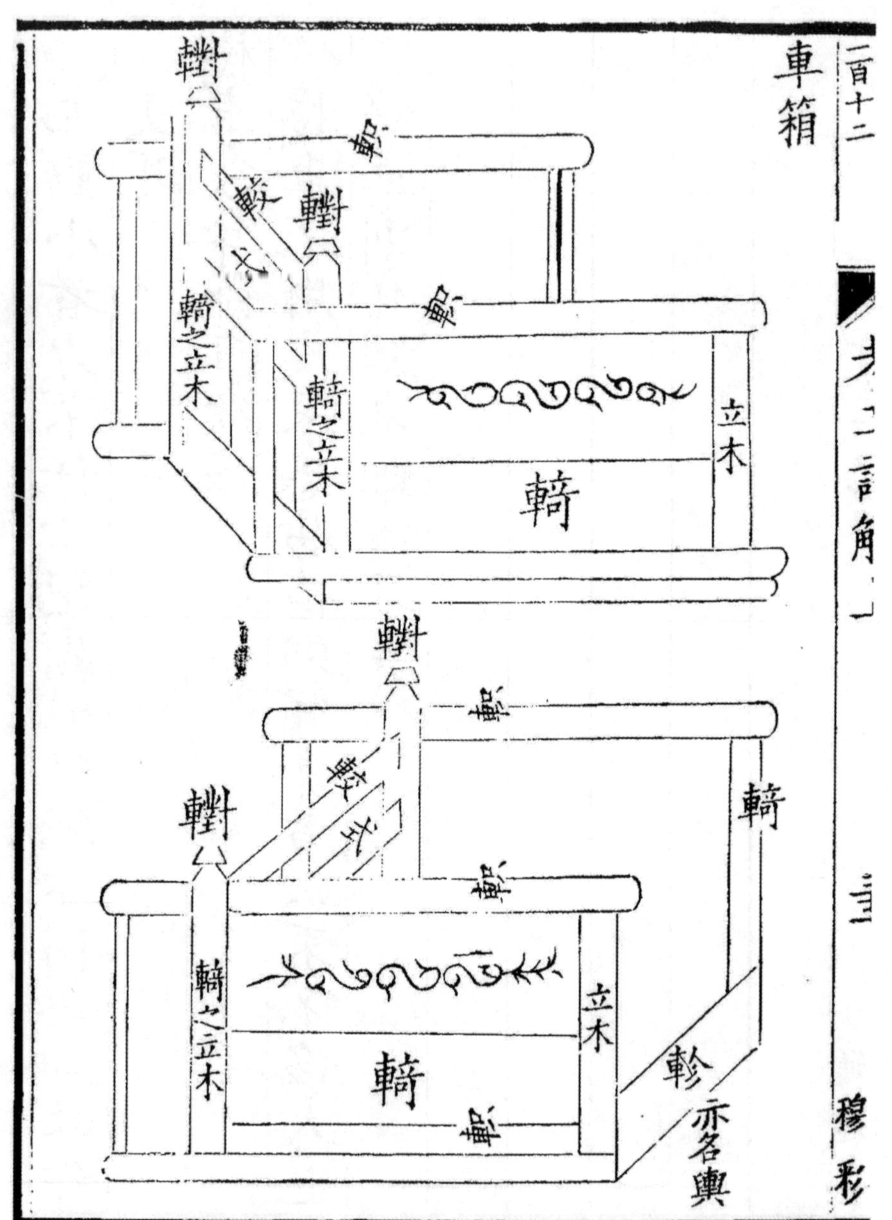
二百十二
車箱
轛
軹
較
輢之立木
立木
輢
軫
亦名輿

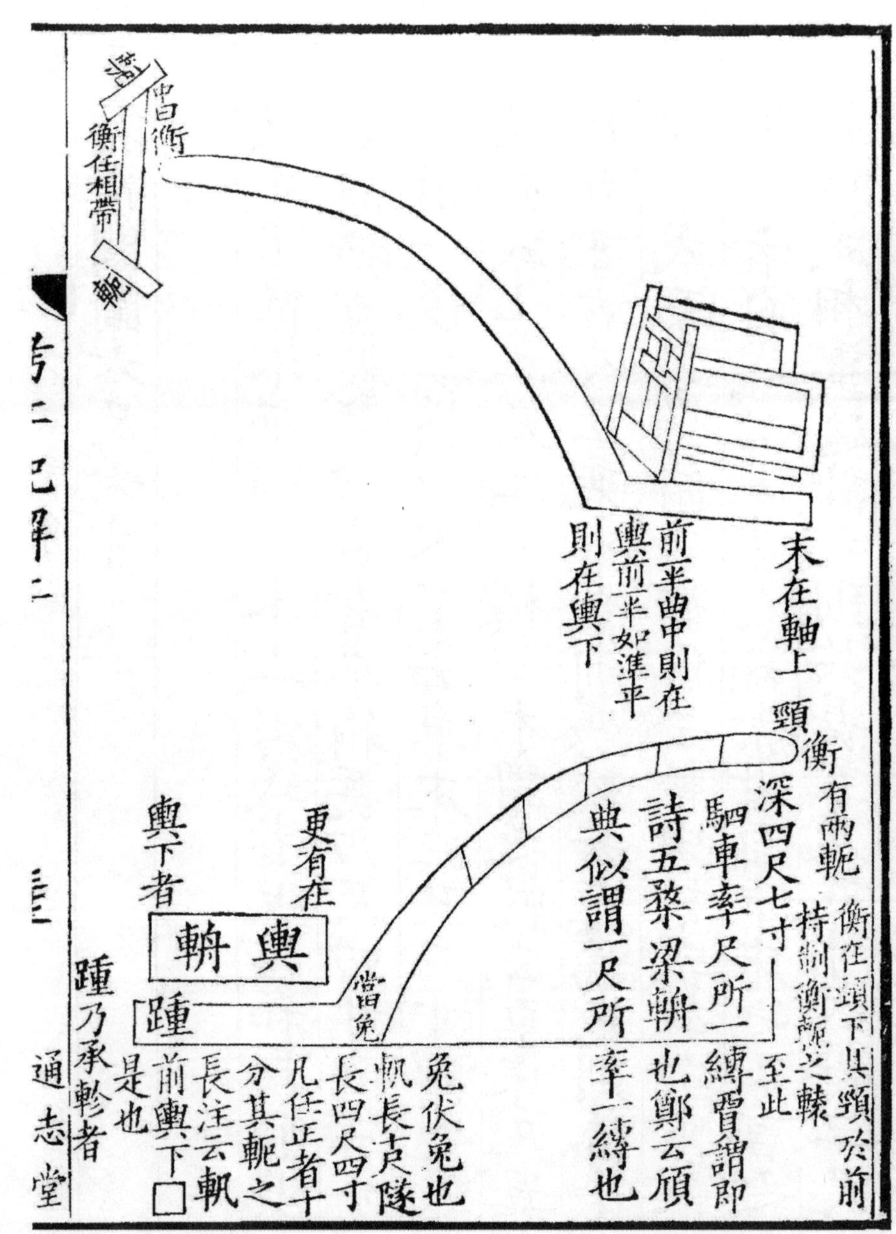
衡在頸下其頸於前
持制衡軶之轅
有兩軛
至此
衡
頸
末在軸上
深四尺七寸
駟車牽尺所一縛賈謂即
詩五楘梁輈也鄭云頋
典似謂一尺所牽一縛也
前平曲中則在
輿前平如準平
則在輿下
當衡
衡任相帶
軶
軶
當兔
兔伏兔也
軓長古隧
長四尺四寸
凡任正者十
分其軏之
長注云軓
更有在
輿下者
輿
輈
踵
前輿下□
是也
踵乃承軫者

車箱横闊六尺六寸

較式上横木兩輢立木上出式者也呂和叔解淇奥詩猗重較兮曰古者車箱長四尺四寸以三分之前一後二横一木下去車床三尺三寸謂之式又於式上二尺二寸横一木謂之較去車床凡五尺五寸古人立乘平常則憑較若應爲敬則落手憑下式而頭得俯詩補傳云較出於式故曰重較較崇者自式之上言之式崇者自車床之上言之較與式相重通計之則共長五尺五寸式得三尺

三寸較得二尺二寸較圍四寸九分寸之八

式　人所憑依者高三尺三寸圍七寸三分寸之一

輢　車箱也音倚猶欄干也在兩旁

軹　輢之横者其旁止於此故曰軹音只

轛　式旁之直者對人而言故曰轛音對

輿　横廣六尺六寸圍二寸八十一分寸之十四亦曰邸

輈　長一丈四尺四寸

衡　長六尺六寸

輈弧深四尺七寸在式前有十尺身在隧下則有四

尺四寸

身共長一丈四尺四寸當兔圍尺四寸五分寸之二頸圍九寸十五分寸之九踵圍七寸七十五分寸之五十一

任正圍一尺四寸五分寸之二

衡任圍一尺三寸五分寸之一

軸圍一尺三分五分寸之一

軫間即輿之横廣是也

伏兔至軓經無明文鄭云如式深也

輈人爲輈輈有三度軸有三理

輈乃車之轅牽一車之重而接於衡以軛服馬者也輈人爲輈今則并軸而論之者蓋車之軸所以穿兩輪者其上則乘載一車之重其軸若折則車必覆矣其選材與輈同皆欲其精當也故以一人主之度者數也長短有三等故曰三度輈曰度軸曰理理者物理之理也選材之道也

國馬之輈深四尺有七寸

國馬天子之乘馬也輈則車轅也揉曲而爲之其轅曲中深四尺有七寸矣蓋乘馬之軏崇三尺三

寸加軫與伏兔於其上則爲四尺兼輈之深則爲八尺七寸矣國馬高八尺而其餘七寸則於衡頸之間也

田馬之輈深四尺

田車軹崇三尺一寸加軫與轐五寸半則爲三尺七寸矣兼輈之深四尺則有七尺七寸田馬高七尺而餘七寸亦爲衡頸之間也

駑馬之輈深三尺有三寸

駑馬之車軹崇三尺加軫與轐則爲三尺四寸兼輈之深三尺三寸則六尺七寸矣駑馬高六尺而

其餘七寸亦爲衡頸之間也此所謂三度也
軸有三理一者以爲媺也二者以爲久也三者以爲
利也
一車之中而軸爲受重焉須當擇木而爲之一者
以爲媺也欲其無節目然後不折二者以木之堅
則可以久而不壞也三者欲其滑利而轉輪之速
也
軓前十尺而策半之
軓在式前自式以前至於輈末其長十尺而御者
之策在於十尺之間也軓前長十尺而輈之深不

與焉若幷輈之深則凡一丈四寸矣軓鄭玄云合
作軓音犯車前法度也
凡任木
如任正衡任之類以木任物也
任正者十分其輈之長以其一爲之圍
輿下三面之木也輿有四面後一面是輿之軫其
三面皆有欄干欄干之下有材以任其上車所取
正者故謂之任正十分其輈之長者輈長一丈四
尺四寸以十分分之得一尺四寸五分寸之二以爲
任正之圍也輈之軓前十尺與隧四尺四寸故以

輈長一丈四尺四寸註鄭曰輿下三面材而疏以爲木下及兩旁見面其上面著輿板不見故云三面此說未當艾軒謂今人不識車雖所說皆紙上語但以文理明之亦可决其當與否也

衡任者五分其長以其一爲之圍小於度謂之無任衡在兩軛之間軛馬之領正輈頸用力之處輈與衡相湊帶者若得其任則可以阸馬而引車也五分其長則是一分有二尺八寸者衡長六尺六寸以五分之得一尺三寸五分寸之二以爲衡任之圍此若小於制度則木不勝任矣

五分其軫間以其一爲之軸圍十分其輈之長以其一爲之當兔之圍參分其兔圍去一以爲頸圍五分其頸圍去一以爲踵圍

軸謂車軸之貫轂者也輿廣六尺有六寸即軫之間五分取一以爲軸圍則其圍一尺三寸五分寸之一與衡任者相應矣當兔即伏兔也謂輿下之貫軸者也輈長丈四尺有四寸十分取一爲當兔之圍則其圍尺四寸五分寸之二與任正者相應矣頸謂輈前之持衡者也參分兔圍去一以爲頸圍則其圍九寸十五分寸之九矣踵謂輿後之承

軫者也五分其頸圍去一以爲踵圍則其圍七寸

七十五分寸之五十一矣

凡揉輈欲其孫而無弧深

輈用直木故只言三理而已輈是揉曲爲之故須

詳說孫者順也其揉曲之勢孫順自然若如弧弓

而深則太彎矣

今夫大車之轅摯其登又難既克其登其覆車也必

易此無故唯轅直且無橈也是故大車平地既節軒

摯之任及其登阤不伏其轅必縊其牛此無故唯轅

直且無橈也

輮即輈也在牛車則名輮此輈人論輈而言輮者以乘車田車之輈與大車之輮其法皆同也摯下也其勢直而不撓曲下至於馬則難登陁雖馬有力可以負而登亦必易覆故於平地之間雖其任高下得節而不可施之登陁言平地高下易準節登陁則難節也軒高也摯下也今人用軒輊字本於此伏其輮者牛伏其輮下爲所遏也縊其牛者輮直而牛不勝如縊縛之也皆其勢不孫曲使然也

故登陁者倍任者也猶能以登及其下陁也不援其

邸必緧其牛後此無故唯轅直且無橈也

登高而轅直牛之負力倍於平地言用力多也此有力之牛猶可登也及其勢越下則非援其車之邸必緧絆其牛之後二者皆能覆車也邸輿也皆四方之名援手引之也執住之意也緧者轡絡之類有此名也

是故輈欲頎典

前言轅此言輈明轅即輈也頎典注云堅刃之皃此古語也難以強通大抵欲其孫順得勢而不直之意

輈深則折淺則負

深太彎也太彎則易折淺太直也太直則馬如負然

輈注則利準利準則久和則安

其勢注水則便利也準節也深淺得節則耐久也和與衡軛諸木和合則車不搖兀而安也準或作水司農以爲注則利水利水則久鄭玄不從以利準二字不當重讀此說似得之蓋傳寫之誤剩利準二字也

輈欲弧而無折經而無絕進則與馬謀退則與人謀

終日馳騁左不楗行數千里馬不契需

弧深則易折弧不深則固經理也順理則無斷絕之慮進而從馬退而從人故曰與謀左不揵者尊者居左車既安則尊者安不拘束也揵有拘束之意契需古語也亦難強解行千里而安則馬亦不費力其意大抵如此若以契爲鍥薄之意曰不傷蹄需爲濡遲曰不留滯皆是牽強如莊子之謑髁輐斷如詩之靡監鞅掌殿屎等字亦如何強解得古今語不同豈可強索於數千載之後如今鄉談隨方各有使古人聞之亦豈易曉邪

終歲御衣衽不敝此唯輈之和也

御者費力則衣衽必損弊若皆順溜則御者不費力矣此數句皆形容輈之和而已

勸登馬力馬力既竭輈猶能一取焉

輈和則馬省力如助之也勸助也一取者一進也馬力既竭猶能一進勢順易行也

良輈環灂自伏兔不至軏七寸軏中有灂謂之國輈

灂漆也田環皆漆所不漆者自伏兔至軏七寸而已其軏中亦有漆處此下似有脫文不應以此一節而稱其爲國輈也

軫之方也以象地也蓋之圜也以象天也輪輻三十
以象日月也蓋弓二十有八以象星也
艾軒云車之初作未有此說既成之後以此比象
此說極當輿體四方可以象地不言輿而言軫者
軫在輿後見輿先見軫也若輿前則有輈隔之矣
蓋輪俱圓皆可象天不言輪而言蓋者蓋在人之
上輪倚車之傍必捨傍而言上可也輻數三十以
象一月之日數也晦朔相推而後成月故併日言
之蓋弓二十八以象二十八宿東西南北之星也
宿亦曰舍亦曰辰總而言之則皆星也

龍旂九斿以象大火也鳥旟七斿以象鶉火也熊旗六斿以象伐也龜蛇四斿以象營室也

斿幅也九斿七斿六斿四斿皆隨諸侯命數若天子之數則十有二矣此言天子之車而有九七六四者賈氏疏云上得以兼下是也艾軒云王者之行必有四方之旗隨其所指麾而用之此說極當易山齋云曲禮行前朱雀而後玄武左青龍而右白虎即此四旗是也此證極是鄭氏曰象大火者以九斿象尾之九星也象鶉火者以七斿象星之七星也象伐者以六斿象伐連參爲六星也象營

室者以四斿象室與壁爲四星也然大火在房心
何與於尾尾爲析木矣鶉火在柳星張何獨言星
乎伐不連參則三星而已室不連壁則二星而已
就其説而强通之獨有鶉火舉其中爲可解其他
未免牽强艾軒謂不必論斿數但蒼龍東方之旗
也則畫東方大火朱鳥南方之旗也則畫南方鶉
火熊虎類也熊爲西方之旗則畫西方伐星龜蛇
北方之旗也則畫北方營室此説甚簡徑近理且
合曲禮無可疑者旂旟皆旗也三者通名無他義
巾車春官也所建之旗太常而下有大旂大赤大

白大麾或以大旂爲龍旂大赤爲鳥旟大白爲熊旗大麾爲龜蛇亦可牽合但大赤大白雖合於朱雀白虎之名大旂則已難通矣況大麾乎大抵周禮出於戰國本非成周之制六國陰謀之說似得其原考工非冬官本書縱可牽合亦未足憑況勉強勾引而爲之說乎艾軒云此皆無益而枉用心者

弧旌枉矢以象弧也

鄭云弧以張縿之幅凡旗必有弧故曰弧旌凡旗皆畫矢取其威也枉矢者大流星之名也䟽引考

異鄭曰枉矢狀如流星蛇行有毛目此妖星也因其畫矢借枉矢以名之作記之文也張繆以弧畫以枉矢取象天之弧星也

古之龍旂畫東方大火之星鳥旟畫南方鶉火之星熊旟畫西方參伐之星龜蛇畫北方營室之星今三禮圖中如此畫實非古制鄭誤之也

鳥旗七斿　　龍旆九斿

考工言角

邛本立

圩三

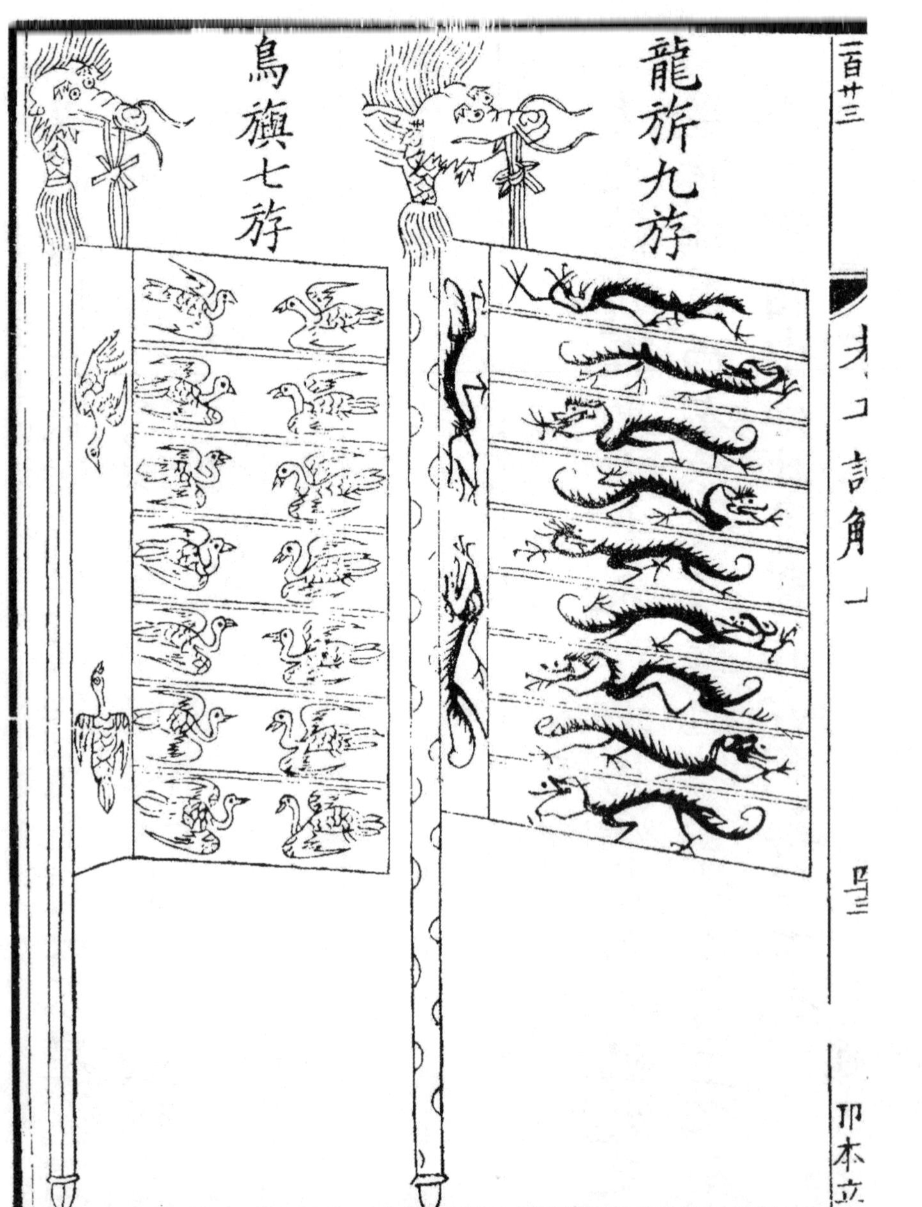

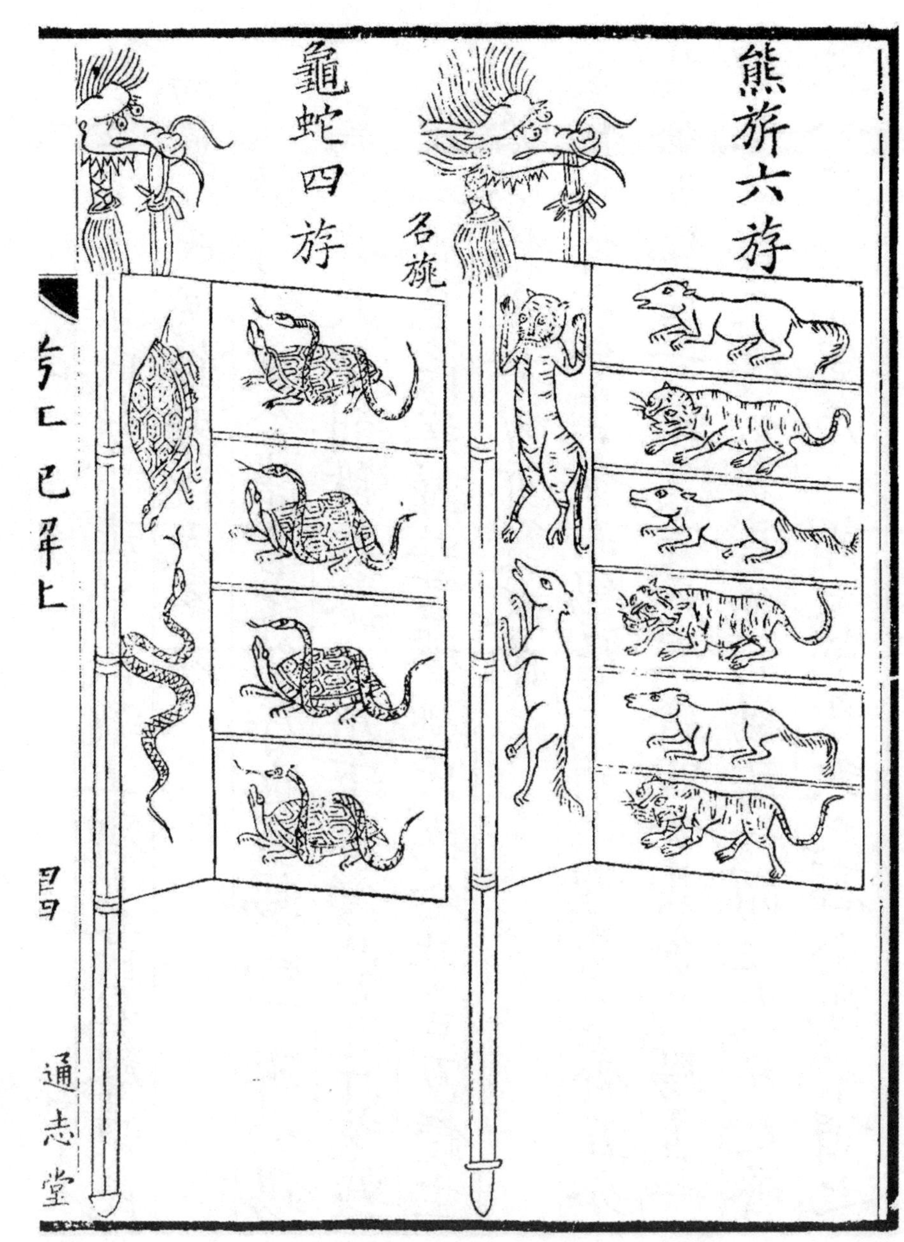
熊旂六斿
龜蛇四斿
名旐

攻金之工築氏執下齊冶氏執上齊鳧氏爲聲㮚氏爲量段氏爲鎛器桃氏爲刃

此數行乃攻金諸官之總序也多錫爲下齊少錫爲上齊大刃削殺矢鑒燧用下齊鍾鼎斧斤戈戟用上齊鳧氏爲鍾此言聲桃氏爲劒此言刃鍾主於聲劒主於刃亦變文爾

金有六齊六分其金而錫居一謂之鍾鼎之齊五分其金而錫居一謂之斧斤之齊四分其金而錫居一謂之戈戟之齊參分其金而錫居一謂之大刃之齊五分其金而錫居二謂之削殺矢之齊金錫半謂之

鑒燧之齊

此亦總序之文鄭云凡金多錫則刃白且明故諸齊皆以錫和之但此文有鼎有斧斤鑒燧而經無此官疑有缺失恐冶氏桃氏所職亦不止一項以此推之考工記之所失者多矣

築氏爲削長尺博寸合六而成規欲新而無窮敝盡而無惡

削書刀也古人用竹簡先以火灼後以削刀刻而爲書漢人猶曰刀筆吏孔安國所寫尚書猶用竹簡是古制猶在也然古人有刀亦必有筆故子張

有書諸紳之語紳非刀可刻也自漢人造紙不用絹帛爲書一向趨於簡便故殺青汗簡之事頓廢遂不復有此書刀之名矣長一尺而闊一寸以六刀相合可以成規則其刀之勢必彎曲鄭康成亦曰若弓之反張可合九合七合五而成規也馬融諸家以爲偃曲却刃則書刀之刃在上矣今無此制難以強通欲新而無窮者其刃可磨而發無窮巳也如今鬀刀愈削愈芒雖敝盡而無惡也純鋼爲之磨削至盡其刃亦芒無瑕惡也似此等句可看古人文字下語處

冶氏爲殺矢刃長寸圍寸鋌十之重三垸

鄭氏云爲殺矢以下至重三垸凡十四字脫誤在此蓋以殺矢在下齊戈戟在上齊前言冶氏執上齊不應乃爲殺矢此說是也矢人造八矢殺矢已在内明此爲脫誤重出也殺矢田獵所用也長一寸圍亦一寸鋌箭足也其入笴處曰鋌重三垸者秤之則重三垸也

戈廣二寸内倍之胡三之援四之

戈二刃刺兵也鄭氏以爲句兵者言其形句曲也戈之制有三名其曰廣二寸者戈之通身必徑二

寸也内者胡以下接柄者也其長四寸胡者旁出之一鋒也其長六寸援者刃之直而向上者也其長八寸漢時謂此戈爲雞鳴者以其胡之句勢似雞鳴也又謂之擁頸者亦以其胡曲而名之也康成又曰句孑戟者當時之名也戈戟異制戈二刃戟三刃而鄭以戟證之者漢時不分戈戟爲二也凡兵之器直而無胡者則矛也有胡者則二鋒三鋒通爲戈戟也

已倨則不入已句則不決

巳倨太直也巳句太曲也倨句皆論胡之勢也

長内則折前短内則不疾

胡之下曰内戈鐏處也太長則胡以上之援與胡句相並如磬之折則不可以刺也前即上也胡之上亦曰前故謂之折前言其前磬折不可用也内若太短則胡以上之援必過長過長則胡縮而援出多下重上輕則用之不快便也故曰不疾

是故倨句外博

倨言胡之上句言胡之下其曰外博者以直刃之援視旁出之胡則援爲内而胡爲外胡之刃必博於援之刃故曰外博著是故二字而並倨句言之

者謂胡之制必博而要倨句皆宜也戈之通身皆徑二寸而胡又加博者援以下稍圓厚而胡則褊薄也

重三鋝

鋝音劣或音丸與呂刑之鍰同鍰音丸又音援是六兩也

戟廣寸有半寸內三之胡四之援五之

戟與戈同戈二刃而戟三刃故鄭氏曰今三鋒戟也其鐵身廣一寸有半其內長四寸半胡四之則六寸援五之則七寸半

倨句中矩

此并兩旁之胡言之句倨得所則其勢稍方故曰中矩

與刺重三鋝

以兩胡與直刺之刃稱之皆重三鋝也刺即援也皆爲直刃之名戈二刃戟三刃疑有輕重而皆三鋝者戟必稍狹於戈亦必稍薄於戈也

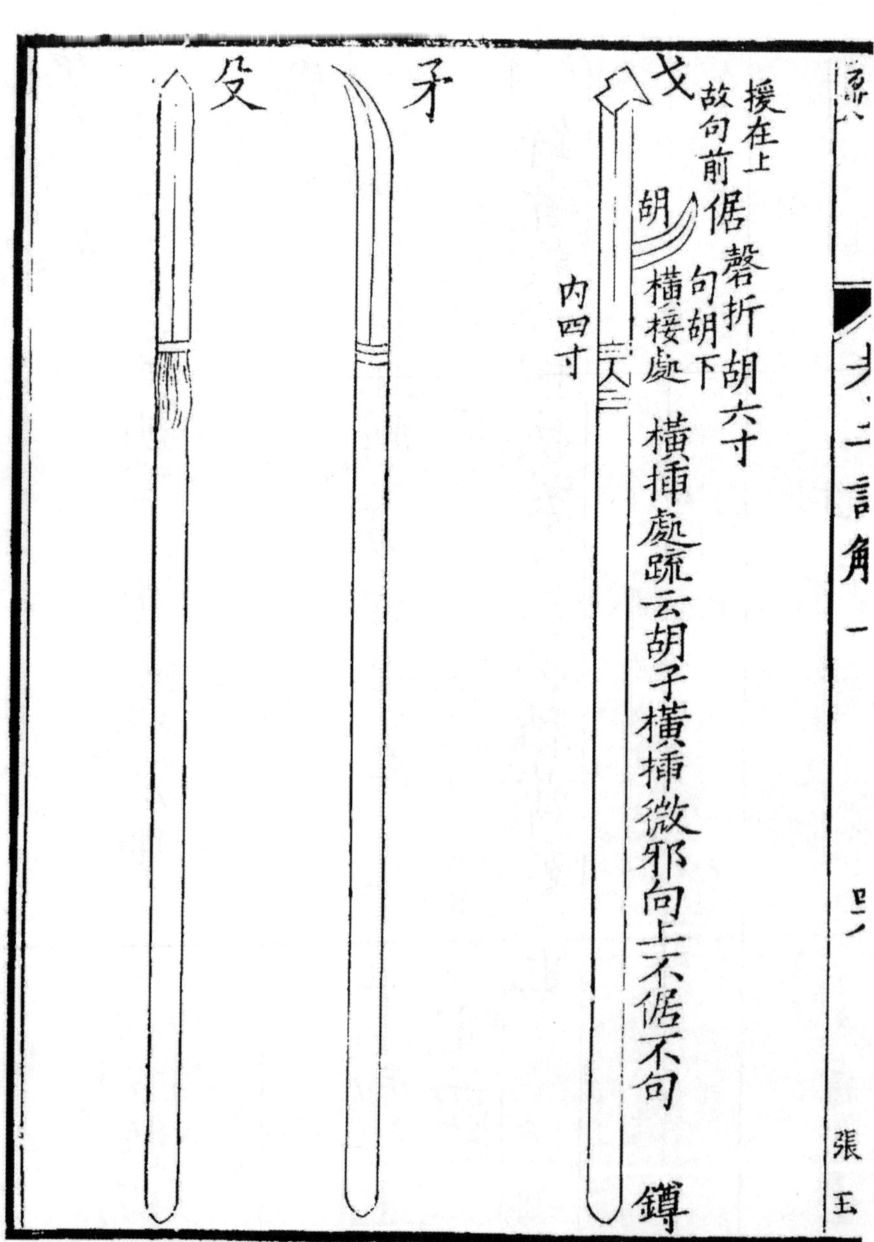
戈
援在上
故句前倨磬折胡六寸
句胡下
横椄處
横插處疏云胡子横插微邪向上不倨不句
鐏
胡
内四寸
矛
殳

冶人

戈　廣二寸今句子戟或謂雞鳴或謂擁頸戈之所用主於胡戈二刃

内　胡以下接柲者胡下柄入處曰内内長則援短短則胡頭低故曲於磬折内短則援長長則胡頭舒故倨於磬折此胡之取則於磬折也

援　直刃也最上刺刃也直而向上者

胡　子也胡似雞鳴以胡曲故曰擁頸矛之旁出者

句倨　句爲太曲倨爲太直倨謂胡上句謂胡下倨之外胡之裏謂胡下近本處增使廣句之外胡

之表謂之胡上近本處增使廣胡本上下俱寬此兩行乃疏解注中說外博處但上下俱寬四字似拘於磬折而欲其方故有此解今所解似稍平直不必如此費分疎也

戟三刃

刺 六寸 援 胡 三寸 三寸 四寸半 四寸半 磬折向外

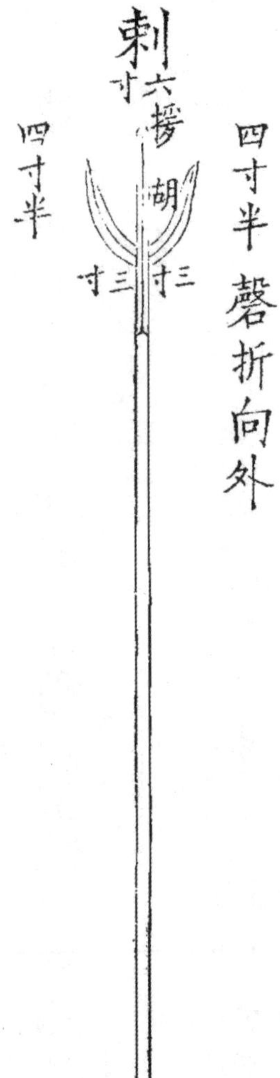

戟 三鋒戟也内胡援刺凡四名

凡戟而無刃秦晉間謂之子或謂之鏚吳揚之間曰戈東齊秦晉間大者曰曼胡其曲者曰句子曼胡

胡 戟胡横貫之横三寸直下三寸胡中矩則句倨不中矩矣

刺 著柄直前如鐏者也在援胡之横上中使出者司農曰刺即援與鄭氏如鐏二説雖殊皆爲直刃援則近上刺則近下不出一刃之上所爭者亦微矣若以爲刺即援其説亦簡徑

桃氏爲劒

臘廣二寸有半寸兩從半之

劒面通廣二寸半其兩從中分各一半也從自脊中而分兩邊也

以其臘廣爲之莖圍長倍之

莖劒夾中人所把處其圍五寸長一尺也

中其莖設其後

以一尺莖之中分之下一半稍大也後者下一半也

參分其臘廣去一以爲首廣而圍之

首劒把接刃處其圍得一寸三分寸之二也首不圓故曰廣而圍之

身長五其莖長重九鋝謂之上制上士服之身長四其莖長重七鋝謂之中制中士服之身長三其莖長重五鋝謂之下制下士服之

身者去劒柄而言也莖長一尺上制之劒長五尺中制長四尺下制長三尺也上中下士者以其人才之短長言之非命上也隨人才之宜而用其長短要人與器相得也鋝六兩也九鋝五十四兩也

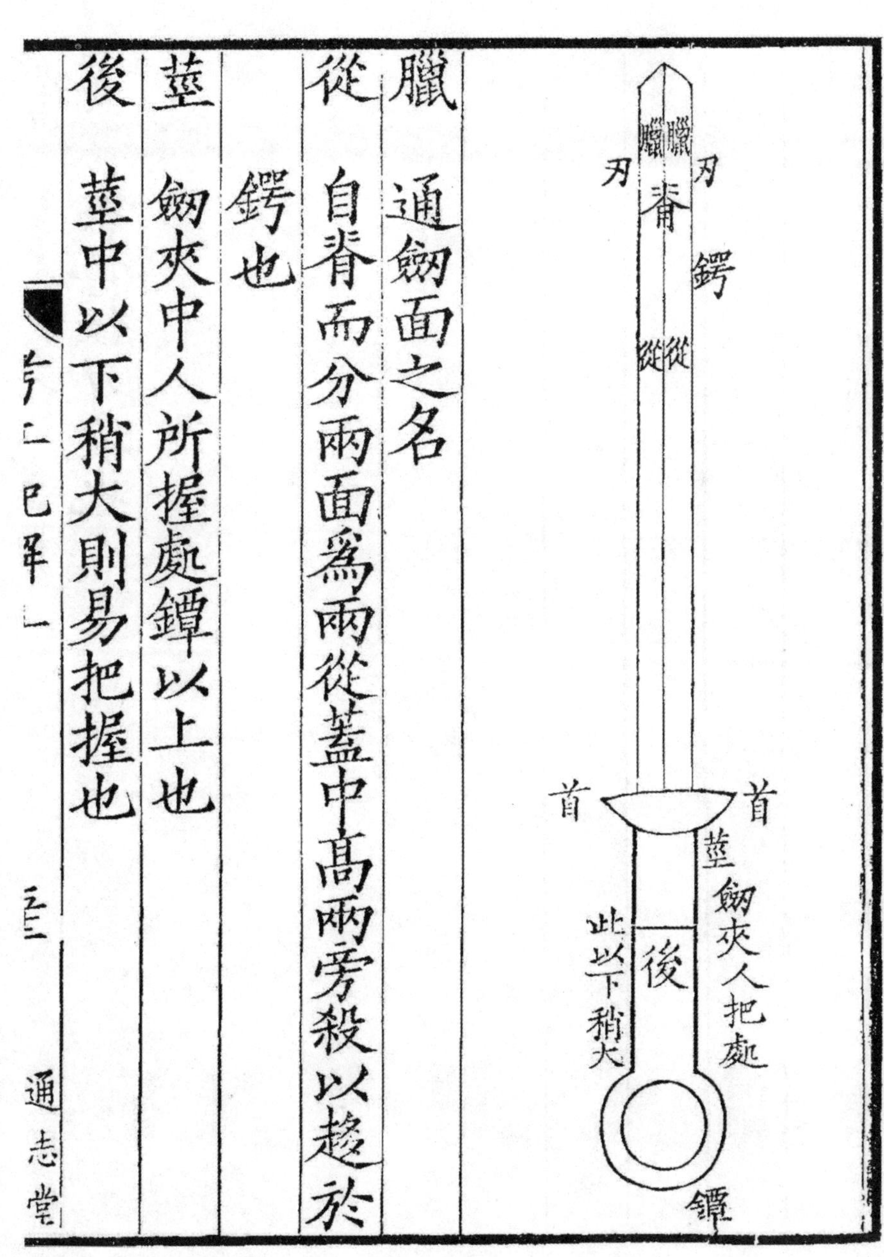

臘　通劒面之名

從　自脊而分兩面爲兩從蓋中高兩旁殺以趨於鍔也

莖　劒夾中人所握處鐔以上也

後　莖中以下稍大則易把握也

首　劒把接刃處也

鳧氏爲鍾

艾軒曰博古圖起於宣和間漢晉時無有也由歷代以來掘得古器於宣和間始爲圖載之以示後世漢晉諸儒不曾見此無怪乎其不知也是以聶崇義所作三禮圖全無來歷穀璧即畫穀蒲璧即畫蒲皆以意爲之也不知穀璧只如今腰帶夸上粟文觀博古圖可見使當時掘得古器藏之上方不載之圖今人何緣知之此圖至金人犯闕後皆無此本及吳少董使虜見之遂市以歸尚有十數面不全

兩欒謂之銑銑間謂之于于上謂之鼓鼓上謂之鉦
鉦上謂之舞
欒角也鍾體不圓故有兩角名欒又名銑二名即
一物也銑音姑洗之洗兩角之間名之曰于者鍾
脣之上也于上謂之鼓者可擊之處也聲所自出
也鼓上謂之鉦者鍾腰之上也鉦上謂之舞者鍾
之頂也于鼓鉦舞凡有四名皆在鍾之體
舞上謂之甬甬上謂之衡
甬鍾柄也衡乃甬上平處
鍾縣謂之旋旋蟲謂之幹

旋者鍾柄上有孔也繫之可以旋轉也旋蟲謂之幹者旋之四環爲蹲熊盤龍辟邪之類也名之曰幹以其爲獸形故曰蟲

鍾帶謂之篆篆間謂之枚枚謂之景

鍾有四帶上畔一帶下畔一帶中二帶篆者帶之紋也篆間有乳鍾有兩面每面三十六乳作四簇一簇九乳乳曰枚可枚數也亦曰景注云如日景之明此因字生義也于舞之類亦可以義解乎

于上之攠謂之隧

攠受擊處也攠者摩而靡弊也隧者其攠之中稍

窪而深如陽燧之形也故注云窪而生光自此以上鍾體之名備矣

十分其銑去二以爲鉦以其鉦爲之銑間

鍾體下大而上斂故鉦小於銑十分之二也銑間去兩角之有紋處則與鉦同也是兩角有紋處各得十分之一也

去二分以爲之鼓間以其鼓間爲之舞脩去二分以爲舞廣

去銑間二分則鼓間只得十分之六也舞脩者以橫言也與鼓間同舞廣以縱言也只得十分之四

也

以其鉦之長爲之甬長

甬鍾柄也其柄之長如其體之鉦

以其甬長爲之圍參分其圍去一以爲衡圍

長如其圍若甬長一尺則其徑三寸三分以上矣衡小於甬故只得其圍之二

參分其甬長二在上一在下以設其旋

旋不在甬之中旋之上則長而下短者以爲固也凡此長短小大不言尺寸者隨鍾體之小大而爲之加減也

薄厚之所震動清濁之所由出侈弇之所由興有說

凡鍾之擊厚亦震動薄亦震動因其侈弇而聲有清濁故先總提起三句而以有說二字結之自鍾已厚以下乃其說也注音說爲稅猶意也恐亦不必如此只是解說之說也

鍾已厚則石已薄則播

石聲不發也失之太厚則其聲不發播散也失之太薄則其聲散

侈則柞弇則鬱

柞音窄其聲咋咋然亦散之類也鬱亦不發之類

長甬則震

甬太長則懸之搖兀不安也震搖也

是故大鍾十分其鼓間以其一爲之厚小鍾十分其鉦間以其一爲之厚

隨鍾之大小量其鼓間鉦間之尺寸以爲其體之厚薄也

鍾大而短則其聲疾而短聞鍾小而長則其聲舒而遠聞

疾者淺而踈急則易竭不久故曰短聞舒緩也遠久也以此而觀則鍾之體宜小而長不宜大而短

也

爲遂六分其厚以其一爲之深而圜之

遂即隧也受擊之處其體必浮而起比其厚得六分之一是隧之深處合如此也圜者隧之形必圓也不曰六分其隧之厚而曰爲遂六分其厚者此變文也古人如此作文皆其用意變換處

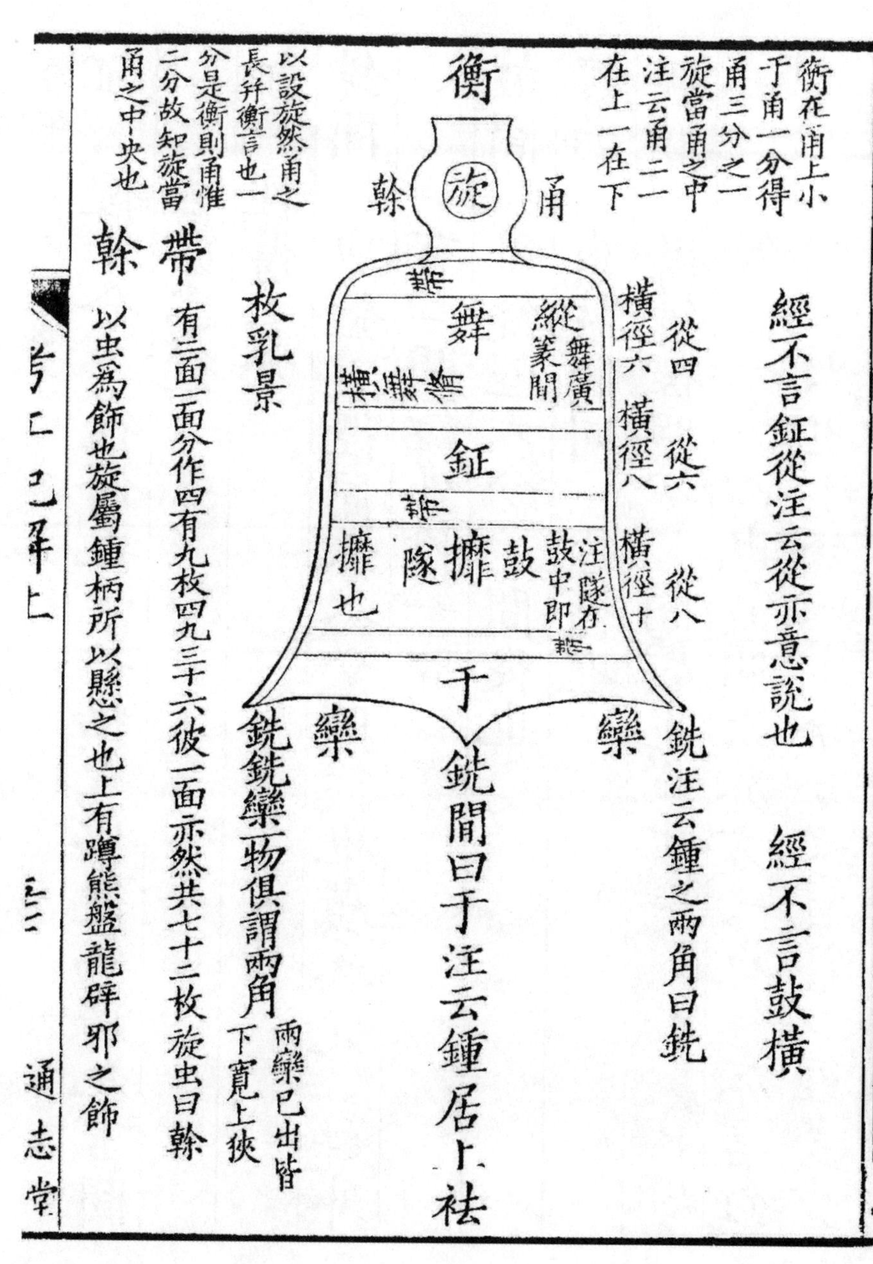
衡在甬上小于甬一分得甬三分之一旋當甬之中注云甬二一在上一在下
衡
甬
旋
幹
以設旋然甬之長幷衡言也一分是衡則甬惟二分故知旋當甬之中央也
經不言鉦從注云從亦意說也
經不言鼓橫
從四
從六
從八
橫徑六
橫徑八
橫徑十
縱 舞廣 篆間
篆
舞
橫 舞 脩
鉦
篆
攠
鼓
隧
攠也
注 隧在 鼓中即
篆
于
欒
欒
銑注云鍾之兩角曰銑
銑間曰于注云鍾居上祛
銑銑欒一物俱謂兩角 兩欒已出皆下寬上狹
枚乳景
帶 有二面一面分作四有九枚四九三十六彼一面亦然共七十二枚旋虫曰幹
幹 以虫爲飾也旋屬鍾柄所以懸之也上有蹲熊盤龍辟邪之飾
考工記解上
通志堂

鉦　徑十分　徑脩也注云橫爲脩從爲廣凡言間者亦爲從

鉦　徑得八分

銑間　與鉦之徑同亦八分間從也廣爲從　銑外有二間鉦外惟一間

鼓間　得銑徑六分　間從也

舞徑　與鼓間同　徑橫也

舞間　得銑徑四分　間廣也從也鼓六鉦六舞四比鍾口十其長十六舞間四方四也鼓間六亦方六也經不言鉦間亦六也十分以十分分之看鍾口徑多少

皆作十分分鍾有小大則口徑有多少不同

經云鍾之四等尺寸銑之從橫舞之從橫皆具言之唯鉦言橫八而不言從鼓言從六而不言橫或者互見也一處皆鍾之中腰想無隆殺故互言之二者既無異而爲别名者以有篆（鍾帶曰篆）介其間也但下言大鍾小鍾之厚尺寸而分别言鼓間鉦間又似其從不同六也注以經云間非也以爲當言鼓外鉦外

注說鼓間鉦間曰篆以介之鉦間亦當六則鍾帶在鉦鼓之間也

㮚氏爲量改煎金錫則不耗不耗然後權之權之然後準之準之然後量之

改煎者煎之又煎如今煉熟也煎至無耗折然後可秤既秤之已得實斤兩不折矣然後準其高下厚薄合用多少銅料入鑄也準其高下厚薄以鑄則知其既成可以量得多少斗升也

凡官名不可強說易山齋以桃㮚不祥遂爲劒㮚堅也遂爲量皆強生意義鍾之染羽鳧之爲鍾如何可解

量之以爲鬴深尺

量其實有六斗四升則可以爲鬴也深尺者鬴深一尺也周人以八寸爲尺謂之尺者八寸也說文曰咫八寸周尺也王制曰古者以周尺八尺爲步今以周六尺四寸爲步此周尺漢尺不同與周尺止八寸之明證也

內方尺而圜其外其實一鬴

鬴內四方每方各一尺而其外則爲圓形也左氏曰晏子云各自其四以登于釜是四龠爲合四合爲升四外爲豆四豆爲區四區爲鬴釜即鬴也語曰與之釜亦此鬴

其鬴一寸其實一豆其耳三寸其實一升

鬴者底也覆量之其底深一寸可以容一豆之米也其耳在旁可以手舉者覆之可受一升其深有三寸只言深不言大小即所受則可準也

重一鈞

漢鬴亦深尺内方尺而圓外乃重二鈞者漢用黍尺十寸周尺八寸也

其聲中黃鍾之宫

黃鍾律九寸而受千二百秬黍以爲龠是五量之法皆本於黃鍾之律自龠而上四加至鬴則其聲

亦中黃鍾矣黃鍾宮聲也故曰黃鍾之宮古者神
瞽考中聲以制量中聲卽宮聲也

槩而不稅

槩平也法也㮚氏鑄此以爲天下之法使天下之
爲鬴者皆取平於此而賦入租稅之時實不用之
此句注疏皆未通諸家亦强說以爲官司爲之聽
民自用不收其稅也此說殊無義理蓋此鬴旣一
鈞一鈞三十斤也其器巳重三十斤又量六斗四
升之米則其重又甚矣若終日用之其人不亦疲
也竊意古人自有木制之器特鑄此以爲之式故

其銘曰兹器維則也若欲官司鑄之而借百姓之用當有幾鬴邪古人既能以木爲鼓穹曰臯陶矣豈不能爲木鬴乎

其銘曰時文思索允臻其極嘉量既成以觀四國永啓厥後兹器維則

時文者古之賢王也猶詩曰思文后稷也時思皆起語也古有文德之君思索之深信至其極能爲此嘉量也允信也臻至也嘉贊美之也觀者示也以此觀示四國開啓後來之人皆以取則於此則法也舜方即位即同律度量衡古者天下分國之

多恐其大小不一或以病民故以此爲大節目今文思院降樣亦此意也

凡鑄金之狀金與錫黑濁之氣竭黃白次之黃白之氣竭青白次之青白之氣竭青氣次之然後可鑄也

此總言鑄金之法以火候之也初鑄之時火色黑濁者其中穢雜尚多也𤇆去穢雜火色又變而黃白亦未淨潔也𤇆熔既久變而青白稍淨而未盡白色去盡火色純青則金錫熔煉至此十分精矣方可入鑄也

考工記角一

三

穆彩

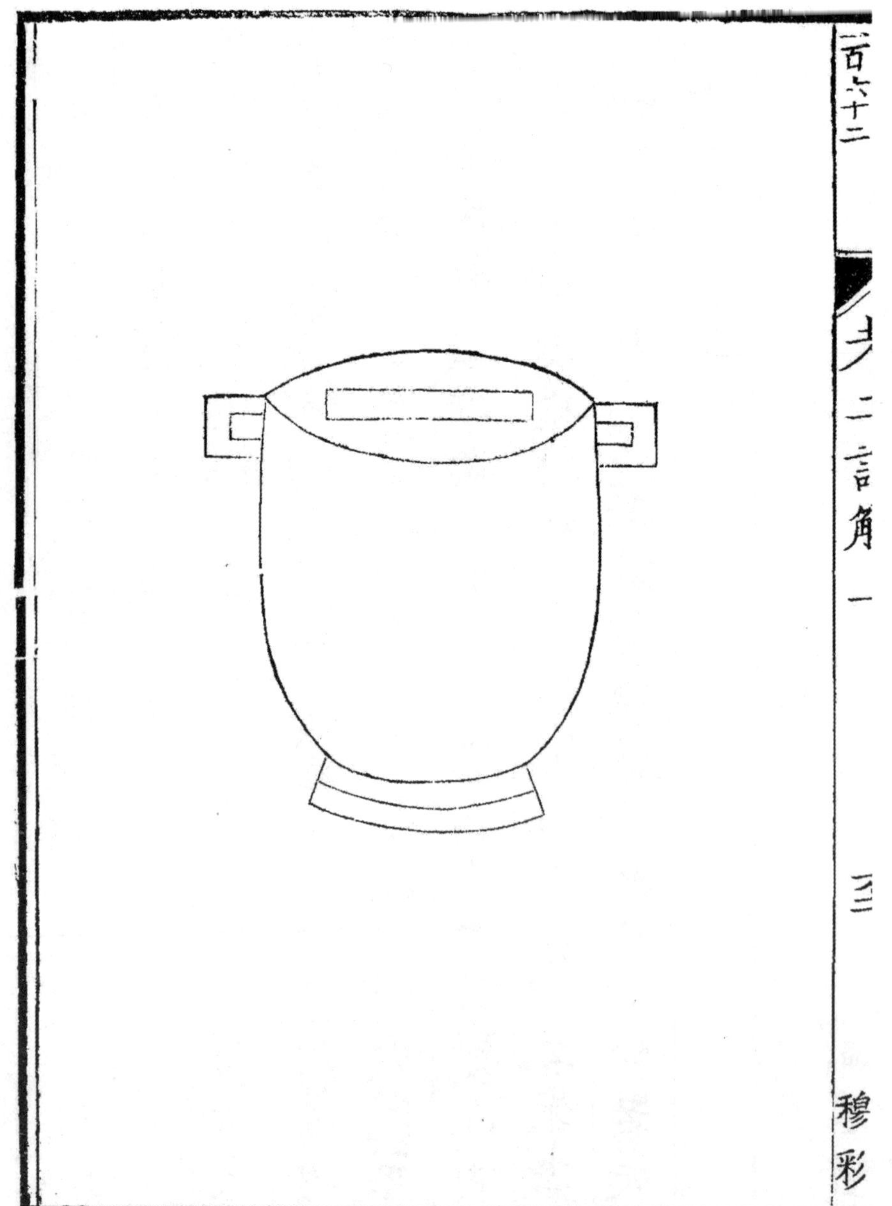

段氏　闕

段音鍛必鑄金之工既已缺矣不可強說

函人爲甲

艾軒曰孟子云矢人惟恐不傷人函人惟恐傷人工匠之人各以其技豈必有心孟子所謂仁不仁借以明擇術之必謹也古者百工之事各命官以主之爲甲則有函人之官又有鮑人之官所謂官師相規工執藝事以諫皆此等人也大抵古者制作器物皆是通明識義理之人今博古圖所載其他皆不可得見惟古鍾埋沒土中不能壞圖尚有

之看此一鍾大段精至豈是俗人做得蓋粗而器
物自有道德性命之理不離乎日用之間且誰非
畫工五代則有一郭忠恕近代則有李伯時所謂
百工技器皆如此人爲之宜其不俗也
犀甲七屬兕甲六屬合甲五屬犀甲壽百年兕甲壽
二百年合甲壽三百年
屬音注七屬者甲之札葉七節相續也一葉爲一
札有七節六節五節相續者犀即牛也取犀之名
美也壽百年可用之百年不壞也兕甲者以虎皮
爲之也合甲者削牛皮裏而留其刃者兩片相合

爲之也其耐久可三百年

凡爲甲必先爲容然後制革

容者相其人之身大小長短而爲之也先觀人身然後制革

權其上旅與其下旅而重若一以其長爲之圍

上旅腰以上也下旅腰以下也重若一者上下等也長與圍等者欲其相稱也春秋有所謂甲裳者上曰衣下曰裳下旅即甲裳也

凡甲鍛不摯則不堅已敝則橈

鍛煉皮也煉皮不至於熟則不堅刃也已敝者煉

太熟也太熟則橈曲軟弱也摯至也

凡察革之道眡其鑽空欲其惌也眡其裏欲其易也眡其朕欲其直也櫜之欲其約也舉而眡之欲其豐也衣之欲無齘也眡其鑽空而惌則革堅也眡其裏而易則材更也眡其朕而直則制善也櫜之而約則周也舉之而豐則明也衣之無齘則變也

鑽空者鑽穿而爲孔也惌者孔小皃也鑽孔小則堅而難壞也故曰革堅也裏者皮内面也易如易其田疇之易皮裏治去得淨潔更變其材本質無始者之穢惡也故曰材更也皮近肉處則多穢去

之必盡也朕縫去聲處也縫路皆直則制作之善也故曰制善也櫜藏也卷而藏之約束易緊則是制作密緻而周也舉舉起也豐大也卷時小舉起時大其札葉相續處皆分明可觀也故曰則明也衣者著之於身也齘齵齺不齊也衣之而無齵齺不齊處則於人便利也變便也故曰則變也此皆古人作文處不可不子細看

鮑人之事

此一句下經之總目也不曰鮑人爲某而曰之事其所治之皮不主一用也

望而眂之欲其荼白也

遠望而視之望主嚮言眂主目言皮如荼菜之白則既煉之皮已盡美也

進而握之欲其柔而滑也

近前取而把握之若已柔滑則爲善也

卷而摶之欲其無迆也

摶捲束之義也只作摶字亦可通今只得從注讀無迆者無斜迆處言其柔軟平正而無緩急處也

眂其著欲其淺也

著者幔著於物之上不見其厚但見其薄即幬而

廉之意淺即薄也

察其線欲其藏也

皮作北人謂之雙線工藏者縫之而不露線也

革欲其荼白而疾澣之則堅

此下又重解前句亦與函人一段文勢同疾澣者不可久漬之於水則易壞也

欲其柔滑而腥脂之則需

其所以柔滑者脂腥之而濡弱也煉皮必用脂也

腥與渥同音義

引而信之欲其直也信之而直則取材正也

卷之無迆伸之則直言平正也

信之而枉則是一方緩一方急也若苟一方緩一方急則及其用之也必自其急者先裂若苟自急者先裂則是以博爲帴也

枉斜也伸之而斜則是不平正必有一處緩一處急纔有緩急不調處則以之而用急處必先裂苟有裂處則皮雖博闊乃成淺狹之材蓋裂處則不中用也帴與淺同音義或音剪亦淺之義引信數句詳解進握一句也

卷而摶之而不迆則厚薄序也

不迆無他只是皮之厚薄得其序言厚薄停均也
眂其著而淺則革信也
著於物而淺只是革伸得盡言綳得緊也亦皮之
平正可以幔綳也
察其線而藏則雖弊不甐
弊者舊也不甐者線不傷重也
韗人爲皐陶
皐陶鼓木也幔鼓皮一人爲鼓穹又一人皐有高
義陶有陶穴之狀也
長六尺有六寸左右端廣六寸中尺厚三寸穹者三

之一

皐陶長六尺有六寸有與又同義此皐陶非渾成之木乃合版版爲之其版片之端自左至右廣六寸其版之中廣一尺而版之厚則三寸以二十片版合之爲皐陶兩頭差斂中間郤高故曰穹者三之一言三分其鼓木穹處有一分也注言二十版者以下文鼓面四尺推之版端廣六寸二十版共長一丈二尺圍圍三徑一故鼓面四尺濶也

上三正

三正者兩頭與中央皆欲其端正也如今人爲桶

直則易二頭斂中央穹則難得端正鼓之上三者
俱正則工之善者也上者一鼓之上也
鼓長八尺鼓四尺中圍加三之一謂之鼖鼓
前言三正與六尺六寸者不言鼓名必鼓之大者
賈侍中以爲晉鼓亦意之也此言鼖鼓之制長八
尺者鼓木也又曰鼓四尺革所鞔之鼓面也中圍
加三之一者鼓木之穹處也以四尺而加三之一
則圍爲丈六矣
爲皐鼓長尋有四尺鼓四尺倨句磬折
皐鼓長尋有四尺則其長一丈二尺恐太長此據

經如此說鼓面與鼖鼓同而其長加四尺今未見此制皐鼓旣爲役事之用毋乃不便利乎倨句磬折與冶人所解義同但鼓爲圓物何緣有倨句磬折之形也或恐脫文在此注疏皆依文解義只得且依之謂鼓之圍亦有倨直句曲磬折之處皆要得宜也

凡冒鼓必以啓蟄之日

冒鞔也啓蟄雷乃發聲故用此日艾軒謂陰陽拘忌自古如此非特今人以聲取聲又今人取吉利嚮卜之義

良鼓瑕如積環

瑕者痕也積環者累積其環圓之物也鼓皮既漆其皮鞔急則文理累累如環之積此無他只言鞔得緊急也

鼓大而短則其聲疾而短聞鼓小而長則其聲舒而遠聞

疾而短不如舒而遠其義與鐘同

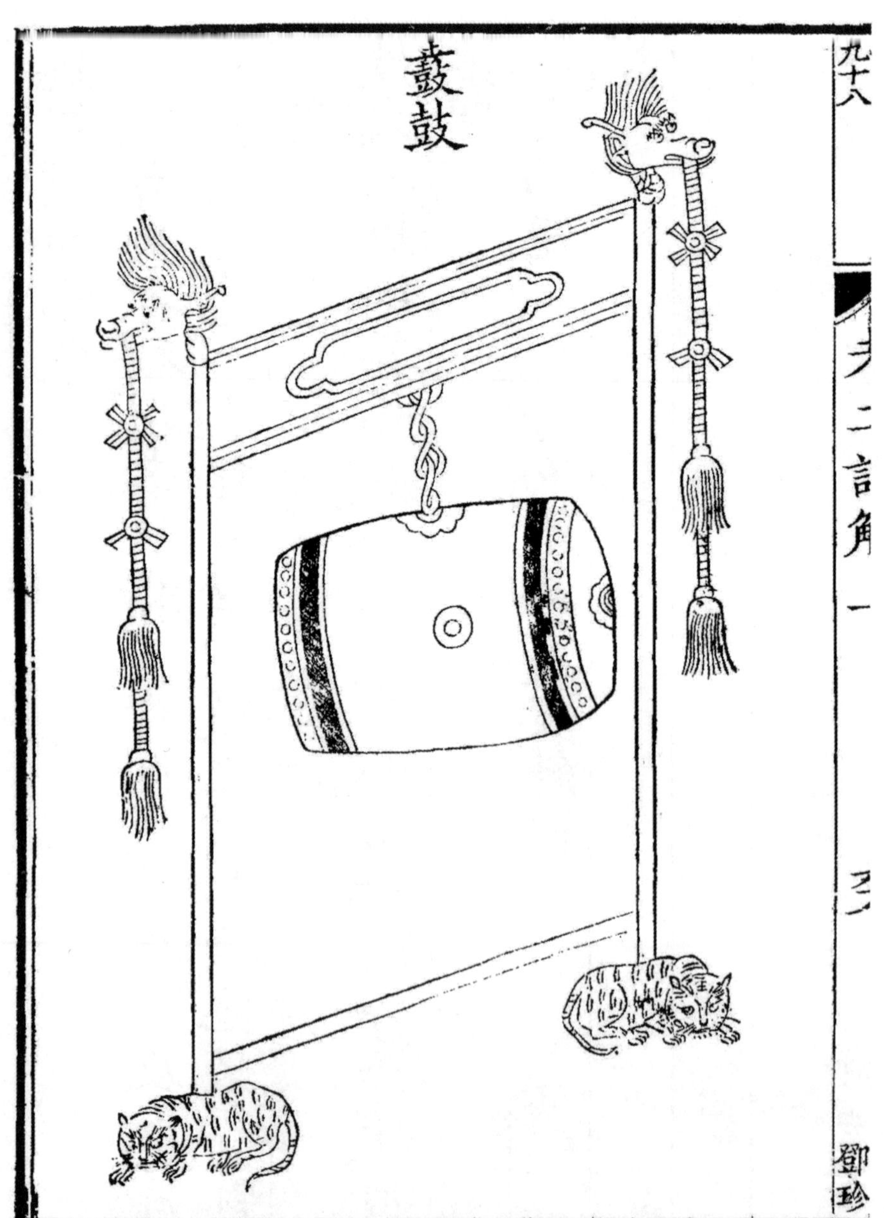
鼖鼓

韋氏闕

裘氏闕

畫繢之事

畫以分布五色也繢則會聚而已賈氏疏云畫繢並言者言畫是總語以其繢繡皆須畫也

雜五色

繪畫必雜用五采之色也

東方謂之青南方謂之赤西方謂之白北方謂之黑天謂之玄地謂之黃

天地四方各主其色以設色之畫本乎天地四時亦猶車旗取象之義也天玄者蒼茫之所極自見其色幽玄非黑非赤故謂之玄

青與白相次也赤與黑相次也玄與黃相次也青與赤謂之文赤與白謂之章白與黑謂之黼黑與青謂之黻

此又言五色之相比次序如此青與白東西相比也赤與黑南北相比也玄與黃天地相比也此是其相次者若青與赤謂之文赤與白謂之章白與黑謂之黼黑與青謂之黻又其不相次者也古人黼黻只是二色相次而名之論十二章者以黼爲斧黻爲兩已相背皆後人私意增加非古也

五采備謂之繡

書之十二章上言作繪下言絺繡衣則繪裳則繡亦是一體事所以以畫與繡並言之畫工繡工雖異其用色則同也

土以黃其象方天時變

此三句最奇絕之文九字之中而天地四時五方之色俱盡畫地則以黃中央主土此中央之色其在四方則隨東西南北而象之若分天時之色則春夏秋冬隨時變春則青夏則赤秋則白冬則黑如月令所用車服及青陽左个之類皆隨時隨方而更變者也古文如此多少奇特艾軒云此造化間渾成之文非後世枝葉之比也

火以圜山以章

畫火則取其鋭但爲圜而旋上之文則知爲火矣

章即獐也不畫山即畫獐則知爲山矣水以龍亦然

水以龍鳥獸蛇

此六字又奇甚水以龍本對山以獐而言龍水之象也因龍字在上又以鳥獸蛇字在下天文之前朱雀後玄武左青龍右白虎四方又可見矣東方只畫一龍則知東方之爲青矣西方只畫一虎則知西方之爲白矣南北方皆然獸虎也蛇龜玄武也如前言四旗之制又不用此法也

雜四時五色之位以章之謂之巧

首雜言五色此言雜四時者謂五色取象四時也言四時則五方又在其中矣此章字乃彰施之章也設色如此必有能者爲之則謂之巧非曰雜色以章即爲巧也如曰三材既聚巧者和之之意

凡畫繢之事後素功

素者畫時先爲粉地也功與工字同先施素地之功而後可畫繪也夫子曰繪事後素即此意

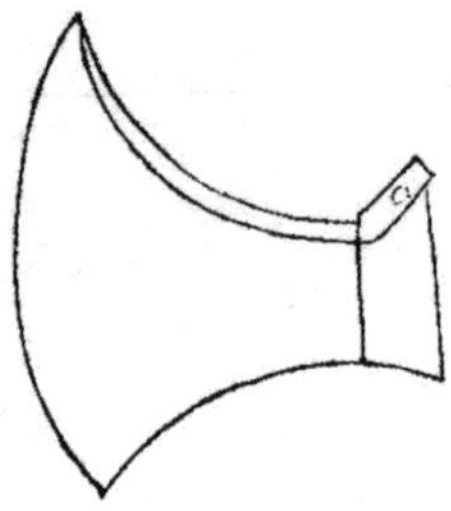

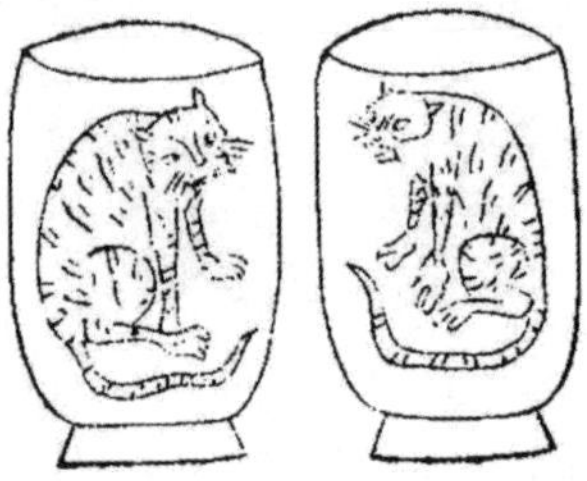

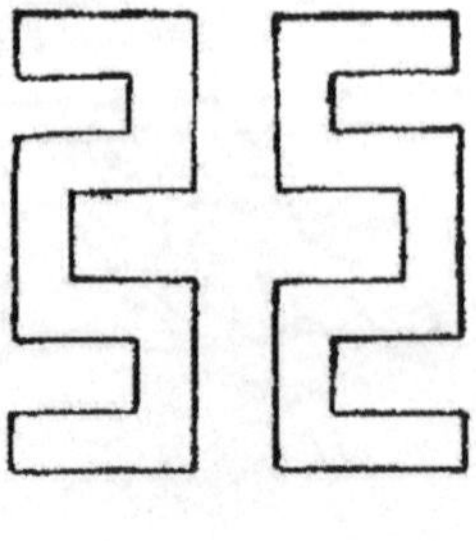

此圖所畫只據三禮圖如此古人之制未必然如鼎上所鏤獸類皆無全形者斧與亞字尤非古也

鍾氏染羽

易氏曰莫重於鍾莫輕於羽羽之色欲其重故以鍾人染羽其牽強可笑如此官名出於古人豈可強揣摩其在當時必有說今既失傳誰得而解之

以朱湛丹秫三月而熾之

湛漬也丹秫赤粟也以朱漬粟釀色以染色也三月者釀三月而後熟也熾炊也既釀而炊然後可用

淳而漬之

淳沃也沃其羽而浸漬之鄭云以炊下湯沃其羽

而又浸漬之使其羽與色相入而後可染也

三入爲纁

纁赤色也染赤色者三入三次而後上色也

五入爲緅

緅鄭云今禮俗文作爵言如爵頭色也其色近於黑而非純黑者也染緅者必五入而後上色也

七入爲緇

緇黑色也染黑者必七入而後上色也此染羽與染人染布帛不同況考工自是一書不可以周禮參論謂既有染人又有鍾氏其意如何如此則必

有牽強之論

筐人　闕

此官既鈌所職不可知矣

㡃氏湅絲

此以生絲湅熟之也

以涚水漚其絲七日去地尺暴之

禮有涚齊謂涗酒爲涚涗子禮反和滓用也鄭氏謂涚水者以灰涗水也漚漬也以灰水漬絲七日然後漉起縣而暴曬之去地尺者絲上帶水不宜縣高也

晝暴諸日夜宿諸井

晝則見日夜則掘地爲井以縣其上欲其水有所歸也蓋既漬即縣不終夜在水中也

七日七夜是謂水湅

既漬又暴既暴又漬七日夜如此方可用也此爲水湅之法

湅帛以欄爲灰

絲未織者也帛織成者也以欄爲灰而湅之

渥淳其帛實諸澤器淫之以蜃

渥沃也淳亦沃也既以欄木灰水沃其帛矣乃安

諸滑澤器中又以蛤灰浸之淫者浸淫使滿器幕
其帛也淫鄭云薄粉之令帛白杜子春作涅蜃白
涅黑恐皆未通
清其灰而盝之而揮之而沃之而盝之
渟之已久其灰既清灰沉而水浮也灰清而後漉
起揮者擺洗之也沃之者既揮洗又再浸漬而後
漉起也
而塗之而宿之明日沃而盝之
塗者又以藥物塗其上宿之一夜明日而後漉起
也今人白練以猪膏未知古人所用何物

晝曓諸日夜宿諸井七日七夜是謂水湅

此與練絲同法言練絲帛皆晝曓夜宿七日而後已也此一段文與關尹子相類皆古文之妙者

考工記解上

考工記釋音上

序

鎛博　盧盧　爍商入聲　枳只　鸛一作鸛音權又音渠　貉鶴

粉焚　笴槀　泐勒　摶團　埴植　㮚栗

段煅　鮑如字平聲一作鞄匹學反又音僕　韗運　筐匡　㡛芒

楖責　旊倣又音甫　軫真上聲　迆移上聲　柲秘　殳殊

酋在由反　樸卜又音僕　屬燭　戚促　庳婢　阤駞又音他音𪗇

軹只　轐朴

輪人

幎覔　迆移上聲　揱蕭捎朔三音　幬疇又音蹈　綆音餅下同　菑音孜下同

蚤爪 鬸偶平聲又音隅 蔽耗又音涸 柞窄 挈言入聲 檸如字

防勒 捎蕭 藪叟 數朔 幬籌 深去聲

竑紘 弱與苗同讀如字 溓黏 骹交上聲又敲上 槷言入聲 杼貯

倖牟又音茂 甂吝又音鱗 萬矩

輪人為蓋

桯盈 信伸 廣去聲 鑿音漕又如字 深闖 蚤爪

靁溜 庳婢 紘宏 軗隱

輿人

稱去聲 廣去聲 隧遂 較角 轛對 軹只

中去聲 縣玄 衡橫 幷如字又於政反 棧孱上聲 弇掩

輈人

輈晝平聲 媺美 孫去聲 覆福 縊衣又音意 緧秋懇

頎墾 典殄 準或作水誤也 楗蹇 契怯 需如

灂醮又在學反床入聲 斿留

攻金之工

齊去聲下同 量亮

冶氏

鋌挺 垸丸 句勾 鋝劣 刺去聲

桃氏

臘力合切又獵

鳧氏

欒鸞　銑先上聲　鉦征　甬勇　縣玄　旋如字

攠靡又去聲　弇掩　說稅　柞窄　聞問

㮚氏

耗毫去聲　量凉　鬴甫　中去聲　量亮

段氏

段鍛

函人

函含　屬注　摯至　空孔又如字　惌宛　易去聲

朕直忍反　櫜羔　衣去聲　齘戒　更平聲

鮑人

鮑如字平聲或作鞄音朴 荼徒 卷捲 摶直轉除面二反 迆移上聲

著張入 腛渥 需軟 信申 帴翦又音淺 甐吝又音鄰

韗人

韗運 陶或爲鞠徒刀反 句勾 聞問

鍾氏

湛漸染之漸 秫述 纁勳 緅鄒又祖侯反

㡆氏

㡆芒 涷練 涚稅 漚鷗去聲 㬥蓬入聲 欄練又音蘭

渥謳去聲 淳諄 淫鄭云淫薄粉之今帛白杜子春音涅 盝鹿

鬳齋考工記解上

後學 成德 挍訂

此帙四年前段慈谿李氏藏定本校定補釋音卷下脫文八行須於敝肆遂雅堂見一宋刊本其中延祐四年補刊者三十六葉版多斷爛字迹糢餬遜李氏本遠甚然重其為查初白先生藏書卷首有先生手跋三行因携歸詳記於冊子及逐葉繙閱其音釋卷上西人以下溢出九行通志堂本既失刊李氏宋本亦脫佚爰手寫坿入昔蕘翁校書必聚數本今同一宋刊且印行較後宜無足取矣然細心披檢其佳勝乃出意表後之學者宜以蕘翁為法慎毋輕心掉之

也初白跋語錄如左方　己巳三月藏園記

林希逸字肅翁又號鬳齋福清人乙未吳榜由上庠登第凡三試皆第四真西山所取士也是歲以堯仁如天賦預選時稱林竹溪周草窗雜志中載其登第事甚詳　查慎行手識

鬳齋考工記解下

鬳齋林希逸撰

玉人之事

此一官所記與典瑞略同蓋周禮自是一手追記周人之事考工記又是一手或先或後固不可知亦皆追述古制而已況其間亦有錯亂殘缺處所以與典瑞又稍異也

鎮圭尺有二寸天子守之命圭九寸謂之桓圭公守之命圭七寸謂之信圭侯守之命圭七寸謂之躬圭伯守之

鎮圭天子所執守即執意也命圭者朝廷所命猶曰命服也有五等之命而後有五等之圭此不言蒲穀二辟者缺文也桓圭猶桓楹之狀也其左右稜道處爲桓楹之形也信圭者純直勢也躬圭者稍彎曲也今文臣笏直武臣笏彎亦此意也三禮圖所載鎮圭刻一山桓圭刻植楹信圭刻一人直身躬圭刻一人曲身皆非古制又曰山以鎮安桓爲柱石躬以保身穀爲養人蒲爲安人皆後人強生意義原其初意只是以此爲五等之别艾軒曰今人帶夸上粟地文亦以養人乎御[illegible]

之類又何所取義乎

天子執冒四寸以朝諸侯

冒圭長四寸上方正而下稍斜剡刻之謂其可以冒諸侯之圭故曰冒蓋諸侯之瑞圭上剡而此圭下剡故可以冒之此乃以上覆下之義未知古人果如此否竊意圭之爲制皆出於王朝此一圭之下剡而諸侯之圭上剡二者必可以相合如今合同防僞造也未必以此爲覆冒天下之義若作時文且依先儒之説諸侯來朝則王執此以受朝獻也

天子用全上公用龍侯用瓚伯用將

諸家以爲此一節言祼器也全者全用玉爲之也其制以玉爲龍形而置一杯於其中以盛酒也龍鼻也瓚其中也將其柄也記曰夏后氏用龍謂龍鼻也詩曰瑟彼玉瓚總言之也祼將于京執其柄也天子純用玉上公以玉爲龍鼻諸侯以玉飾其中伯以玉飾其柄此尊卑之制也其說亦通但與上文不相屬突然曰天子用全何以知其爲祼器哉鄭氏以龍當爲尨瓚當爲饜（音贊）漢時有賞饜食物也尨饜將皆玉之不純者天子則用全玉公

侯則用不純之玉無他證據又輒易經字恐亦未安況將之爲雜亦何所本乎艾軒曰祼玉有三爲龍首一等玉也必次於全玉爲瓚一等玉也又次於龍首瓚盛酒也爲祼將又一等玉也又次於瓚祼將者酌酒所用也上文言圭此一節乃論爲圭之玉謂天子之圭則用純全之美玉上公之圭則用爲祼瓚龍之玉諸侯之圭則用爲瓚之玉伯之圭則用爲祼將之玉其文正在言圭之下此說極正而易通

繼子男執皮帛

上言圭之制既盡子男蒲穀璧當時必易知故
記者不言之但論繼子男之下者矣子男不執圭
而執璧璧爲圓形與圭制異位居子男之下者則
但執皮帛而已鄭注以此爲公之孤非天子之孤
與大國之孤者謂王之孤六命與卿同不當繼子
男之後也然此說亦費力竊恐此句只是總言子
男以上則用玉子男以下則執皮帛尚書五玉
之下即曰三帛亦是等則如此
易氏以爲天子用全四句合在宗祀前馬之下公
侯伯圭之下不言子男而曰繼子男之孤皆錯亂

也亦似讀得未精瑩

天子圭中必

必者以組約玉圭之中欲執時不至失墜也鄭云

俗呼約爲鼈今閩人結索亦有此語其音如覓鼈

也聘禮曰絇組亦約也鄭云如鹿車縪漢語也縪

絇組皆一義也

四圭尺有二寸以祀天

四邸之圭也中央爲璧之形圓也圭著其四面只

一片玉爲之也邸猶根柢之柢也即爲璧形者是

也四面之尖出者爲圭形也尺有二寸想兩圭相

去之長也注無明文亦未可曉

大圭長三尺杼上終葵首天子服之

王所搢者也亦名珽杼閷也其上兩畔殺去之故曰杼上也終葵椎也其首爲椎又在杼上䟽曰椎頭也齊人謂椎爲終葵此記必齊人爲之服之者用之也典瑞曰王搢大圭執鎮圭搢則在腰帶之間而又執鎮圭圭玉爲之如何搢一而又執一亦非尊者所宜以意推之祭祀之時則執大圭上有椎頭不至失墜則可以搢故以搢言鎮圭則朝諸侯時所執故以執言決無一時並用兩圭之理

土圭尺有五寸以致日以土地

土圭夏至冬至測日之用也土地者土猶度也視日景之東西南北以度其地也大司徒所言建邦國者即此是也致日者以日至者視之其長短可以坐而致也書曰敬致即此致字

祼圭尺有二寸有瓚以祀廟

鄭云始獻酌奠也瓚如盤其柄用圭有流前注流口也前注者向神尸而注也宗廟有祼天地大神至尊不祼故曰以祀廟

琬圭九寸而繅以象德

琬猶圜也王所使者之瑞節也諸侯有德王有錫命使者執琬圭以致王命其長九寸亦有繅藉謹重之也象德者以玉象德故以此致命車服之類

琰圭九寸判規以除慝以易行

九寸之圭剡其一半其下必稍圜故曰判規判半也規圜也琬圭則上下皆爲圓形琰圭則上一半剡下一半稍圜明與琬圭異制諸侯有爲慝惡者王命使者執此以戒勑之使之除其慝而改易其行也後世則有詔書古者傳言以此爲信必有善惡之别也

辟羨度尺好三寸以爲度

羨延也度者制作之法度也其辟之制度不圜而延其長有一尺也鄭云其袤一尺而廣狹焉袤即延也謂其延可一尺而其廣則稍狹於袤也好孔也辟之中有孔也四面爲肉中間爲孔其孔之徑三寸也爾雅曰肉倍好謂之辟好倍肉謂之瑗肉好若一謂之環瑗又眷反辟之好三寸則兩邊各有三寸爲六寸是九寸也其形稍延則上下之羨處各半寸共爲一尺其廣只九寸也度即量物之尺度也以此辟之尺寸可以起度亦猶律之可以

起龠也

圭璧五寸以祀日月星辰

以璧爲邸旁有一圭其長五寸祀天則四圭此祀則一圭也

璧琮九寸諸侯以享天子

琮之璧長九寸諸侯致享於王則以此爲贄也小行人曰諸侯享天子用璧享后用琮此以璧琮並言則爲二物矣言天子不言后者尊得以統卑也

穀圭七寸天子以聘女

圭上刻爲穀之形其長七寸聘禮所用也

大璋中璋九寸邊璋七寸射四寸厚寸黄金勺青金外朱中鼻寸衡四寸有繅天子以巡守宗祝以前馬三璋之勺形如圭瓚天子巡守有事于山川則用以爲祼也大山川用大璋加文飾焉中山川則用中璋其文飾稍殺小山川則用邊璋半文飾其邊而已其祈[illegible]宗祝執此在馬之前故曰宗祝以前馬璋次玉也爲瓚之柄其勺以黄金爲之而外用青金爲飾故曰黄金勺青金外鑄金之齊以黄爲下青爲上則黄金不若青金青金乃金之精者也射四寸厚寸者其勺之前射

出四寸之長但有一寸之厚也朱中者所盛之鬱鬯詩所謂黃流也流口爲龍鼻之形其長一寸故曰鼻寸衡與橫同勺口長一寸其橫有四寸如今桃瓜杯之形也有繅者文飾而藉之也巡守之時則有三璋之瓚在宗廟則用圭瓚也

大璋亦如之諸侯以聘女

諸侯聘女用大璋與三璋之大璋同名簡編錯亂誤寘於此文不相屬難以強通或曰當繼之天子以聘女之下

瑑圭璋八寸璧琮八寸以頫聘

圭璋璧琮四器其長皆八寸璧琮不瑑而圭璋則瑑飾之瑑文飾之也衆來曰頫特來曰聘頫聘皆朝王也

牙璋中璋七寸射二寸厚寸以起軍旅以治兵守

射剡出也二璋皆長七寸射二寸是五寸以上即剡出也牙者其剡之側皆刻爲鉏牙之文鄭云二璋皆有牙起軍旅出戰也治兵守守備也

駔琮五寸宗后以爲權

琮方形中有孔以組繫之故曰駔琮宗后尊后也即王后也其重可以起五權之制亦璧羨起度之

意

大琮十有二寸射四寸厚寸是謂內鎭宗后守之

大琮后所守猶王之鎭圭也謂之內鎭十有二寸取天數也天王天后以天爲則也射四寸者琮之上剡出也下八寸正方上四寸則剡其厚有一寸也

駔琮七寸鼻寸有半寸天子以爲權

駔琮與宗后同此則有一寸有半之鼻鼻所以爲別也琮上有鼻故可繫以爲權宗后之琮不言鼻者互見之也

兩圭五寸有邸以祀地以旅四望

祀天者四圭祀地者兩圭此尊卑之别也旅祭名也四望之旅祭亦用之皆屬地也四圭託於辟兩圭必託於琮地取其方以琮爲邸不言者可推而知也

瑑琮八寸諸侯以享夫人

上言九寸者以享天子此八寸以享天子之夫人禮之隆殺當然也

案十有二寸棗㮚十有二列諸侯純九大夫純五夫人以勞諸侯

案玉案也所以盛棗栗也棗栗十有二列則案必有十二枚每案皆長一尺二寸也此王朝盛禮所用也諸侯則九列大夫則五列純猶皆也凡諸侯大夫皆然也若夫人以勞荅諸侯則用諸侯九列之禮也此乃奉上諸侯享夫人故言夫人所以荅之而不及大夫也古者后與夫人皆有致飲於賓客之禮天子有三夫人

璋邸射素功以祀山川以致稍餼

半圭曰璋其上剡出者射也其身乃邸也素功者無瑑飾之工也功與工同山川之祀用之賓客

在館致稾稍與餼也稍米也餼食物也

鎮圭

信圭

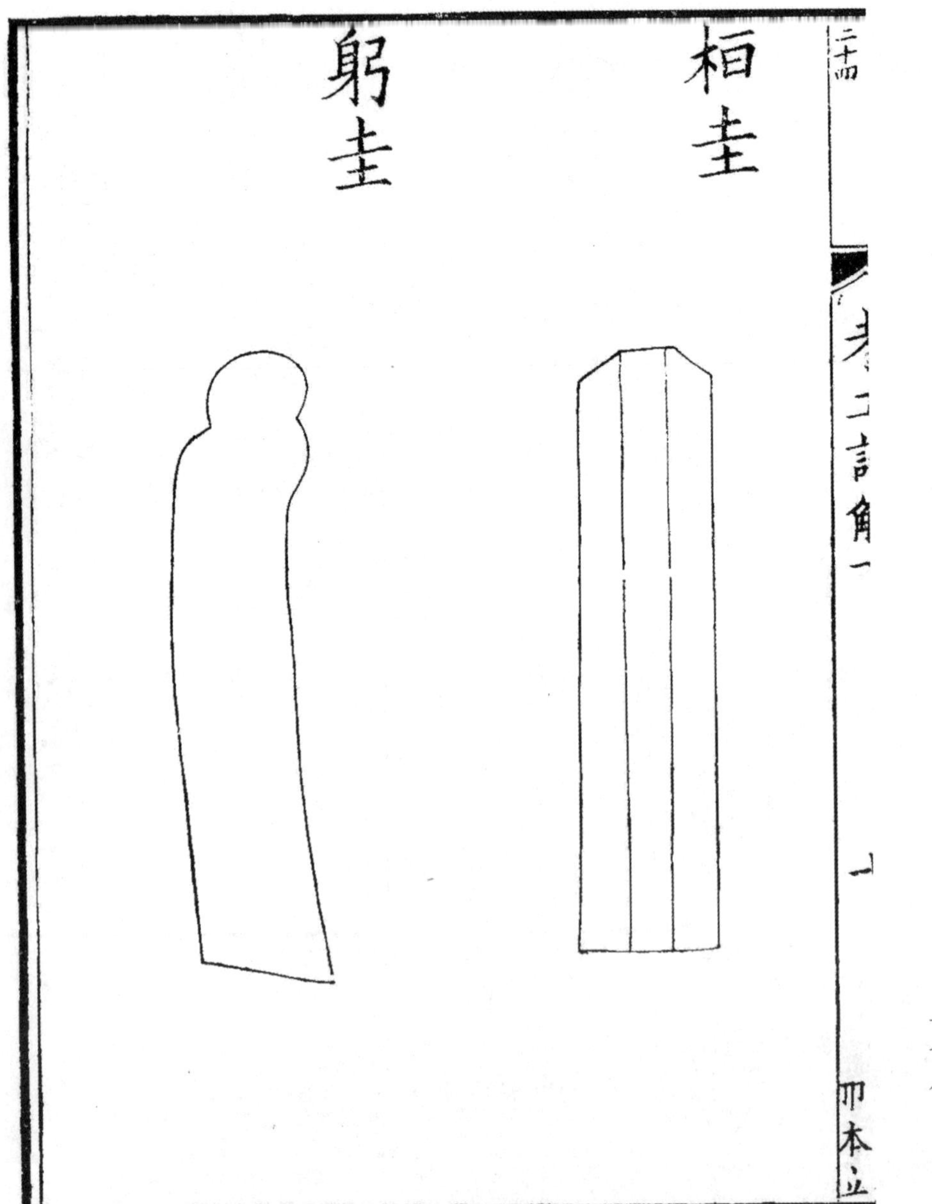
桓圭
躬圭

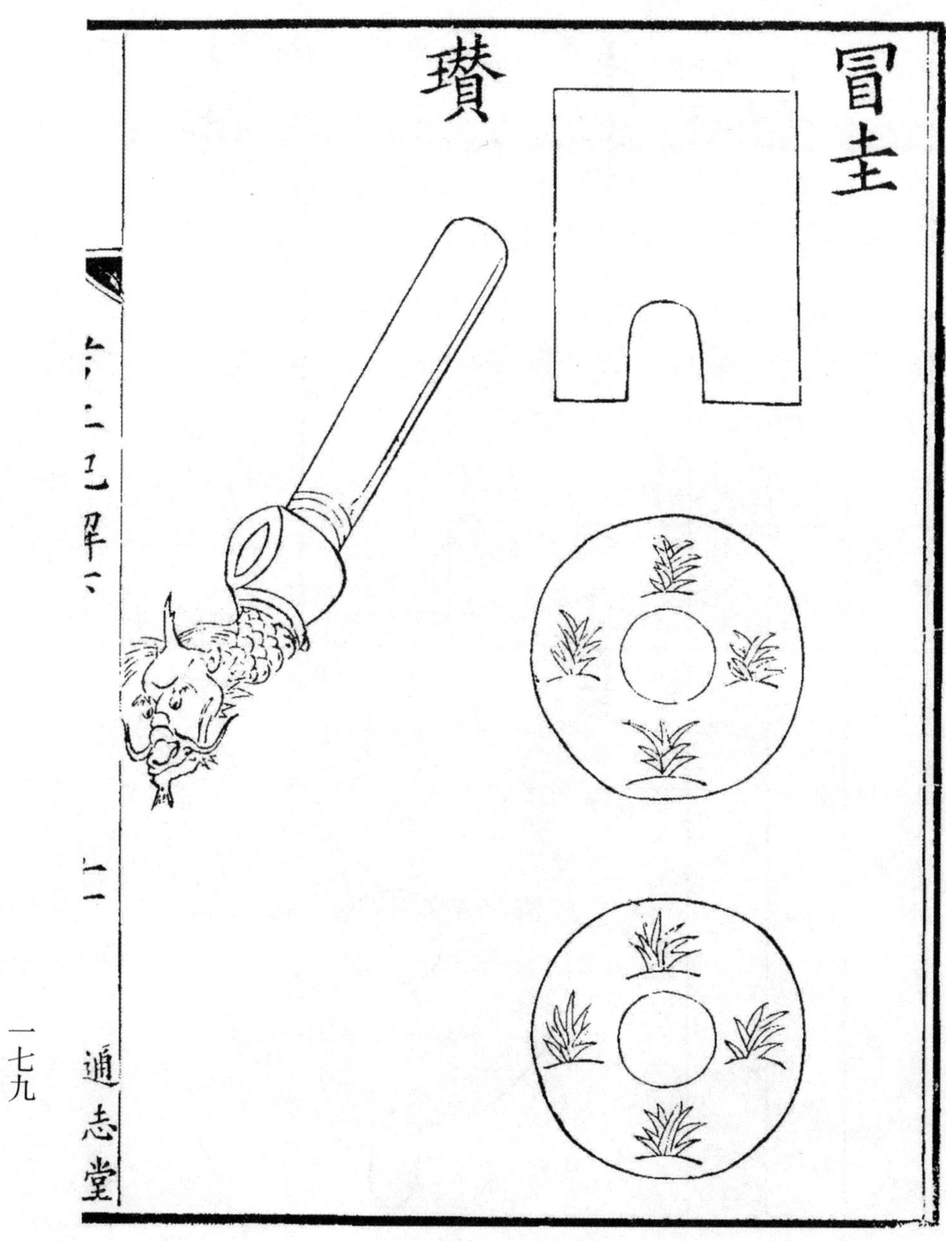
冒圭
瓚
通志堂

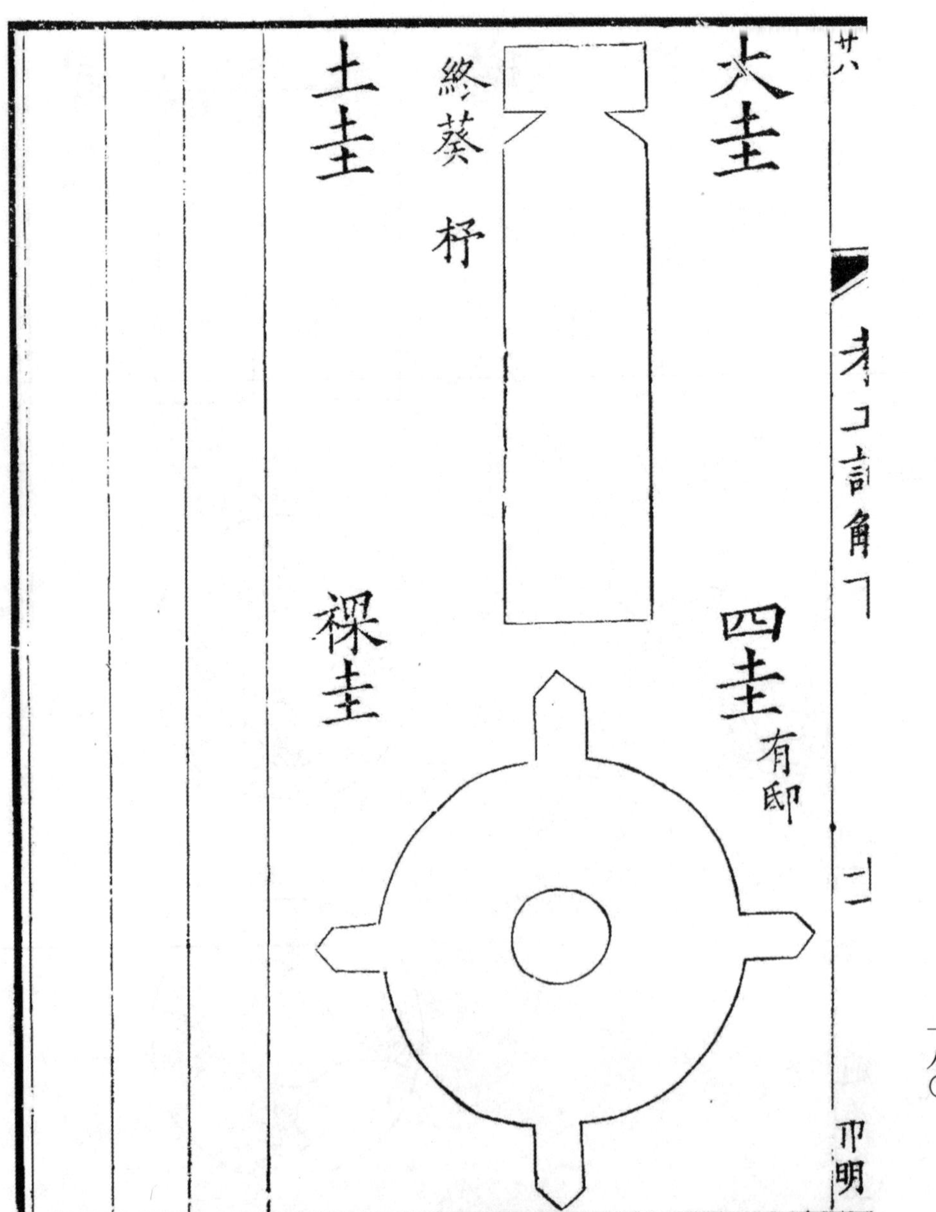
大圭
終葵 杼
土圭
四圭有邸
祼圭

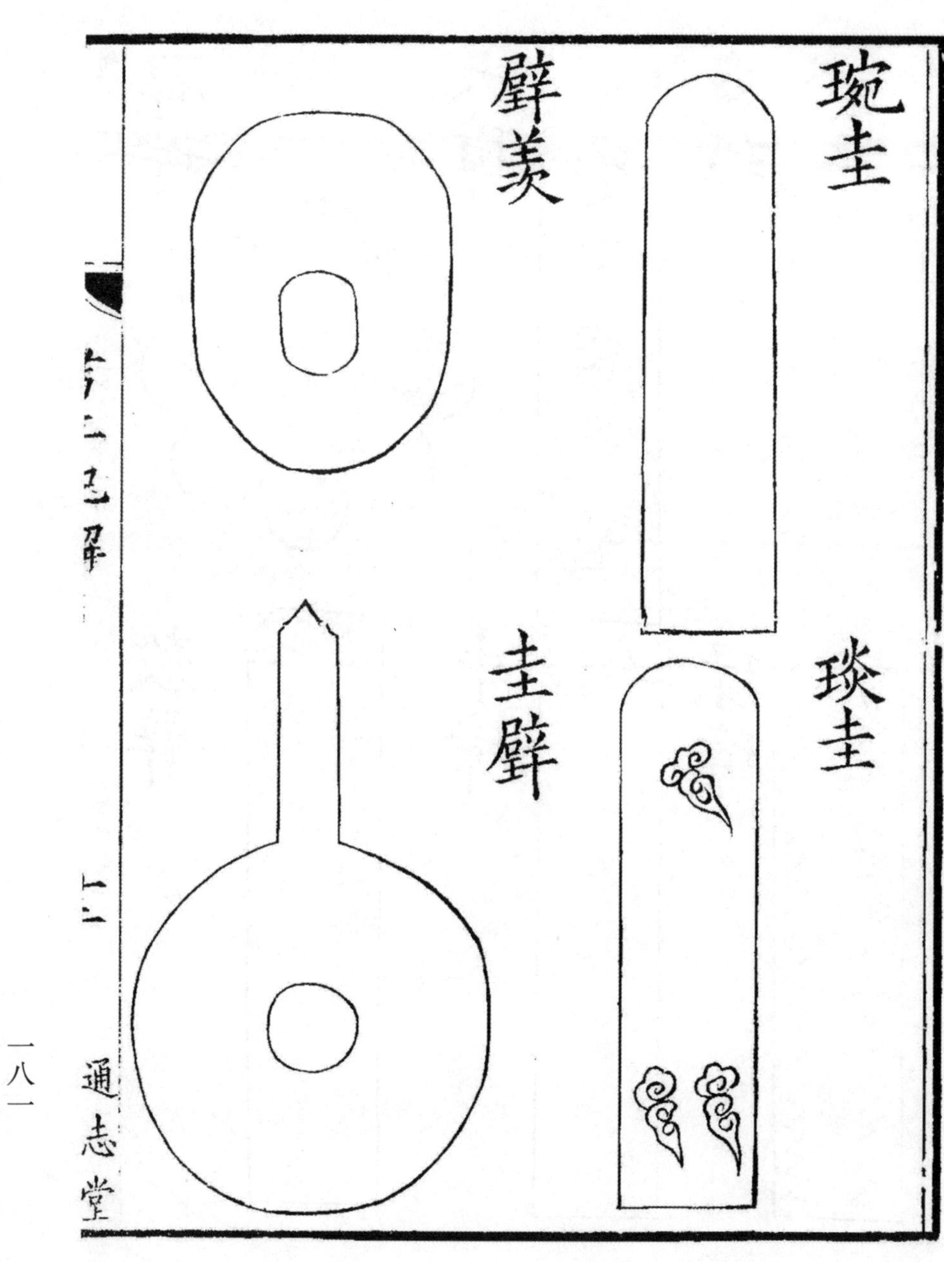
琬圭
琰圭
璧羡
圭璧

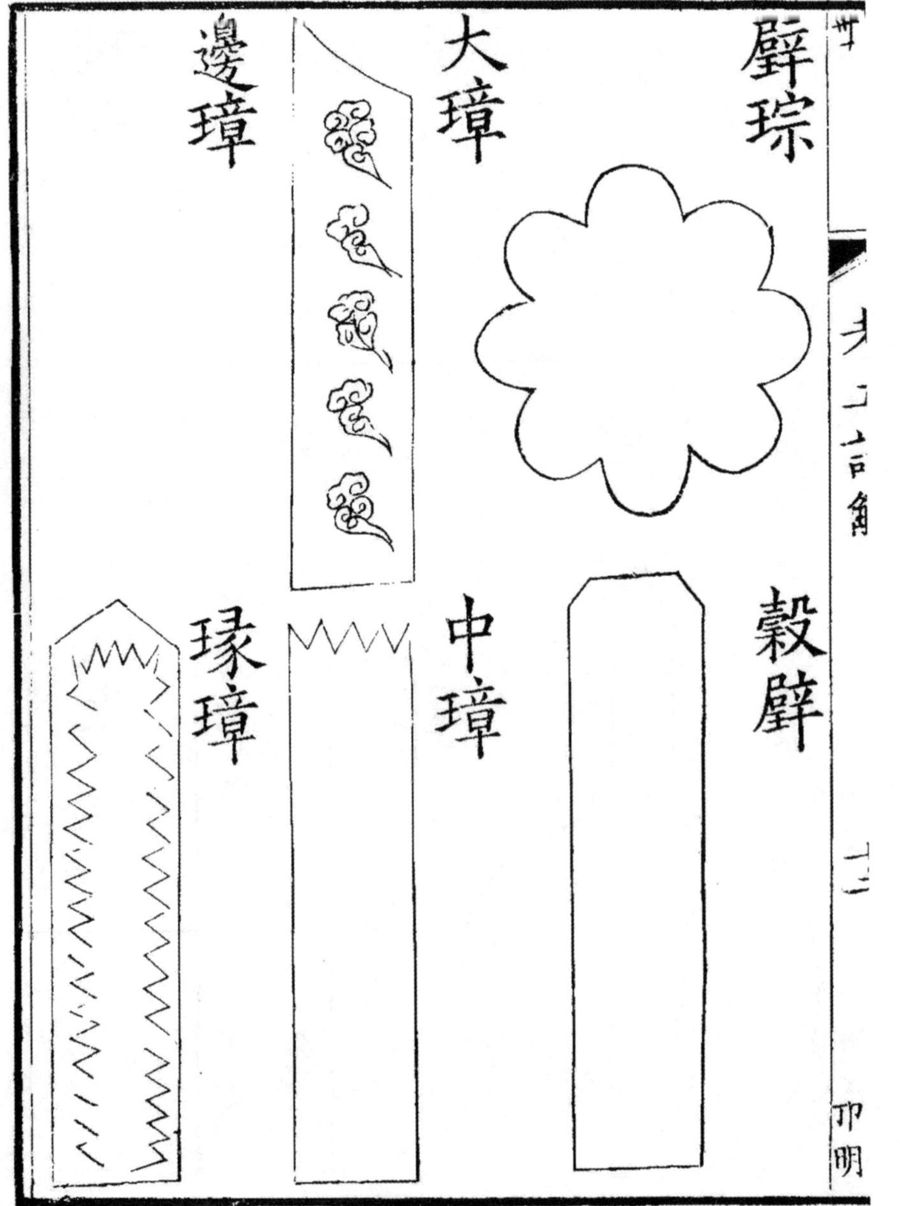
璧琮
穀璧
大璋
中璋
邊璋
瑑璋

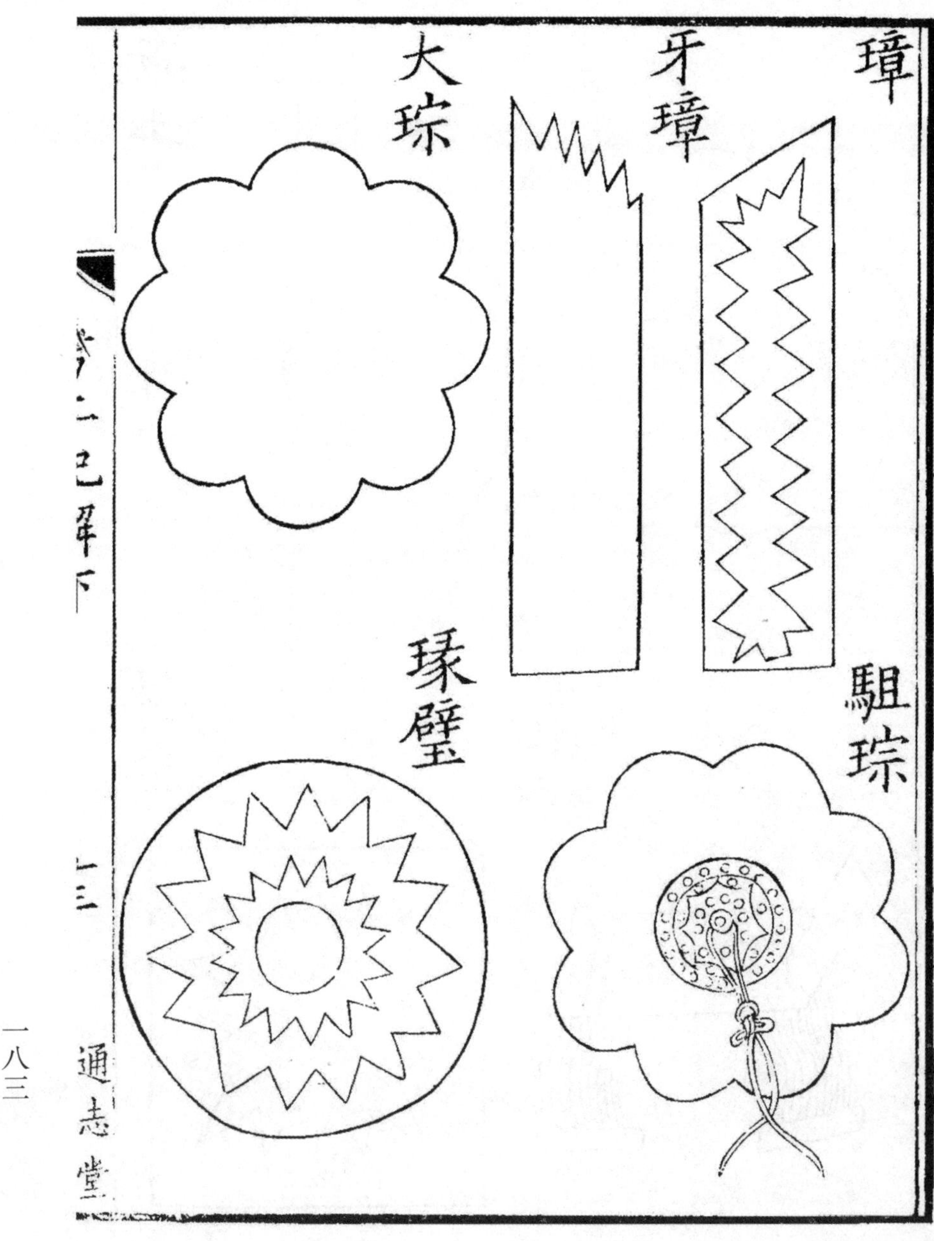
璋
牙璋
大琮
駔琮
瑑璧

兩圭有邸
瑑琮
案

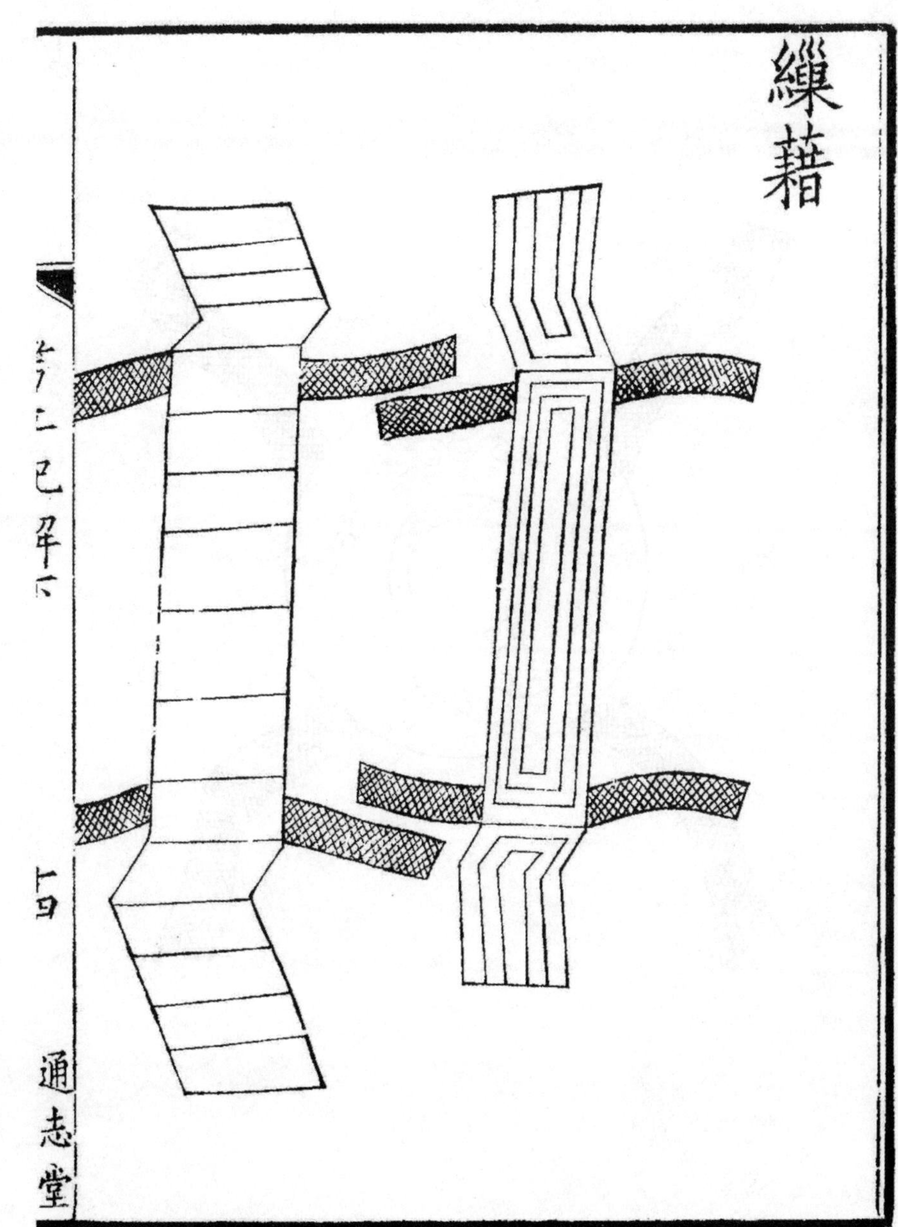
繅藉

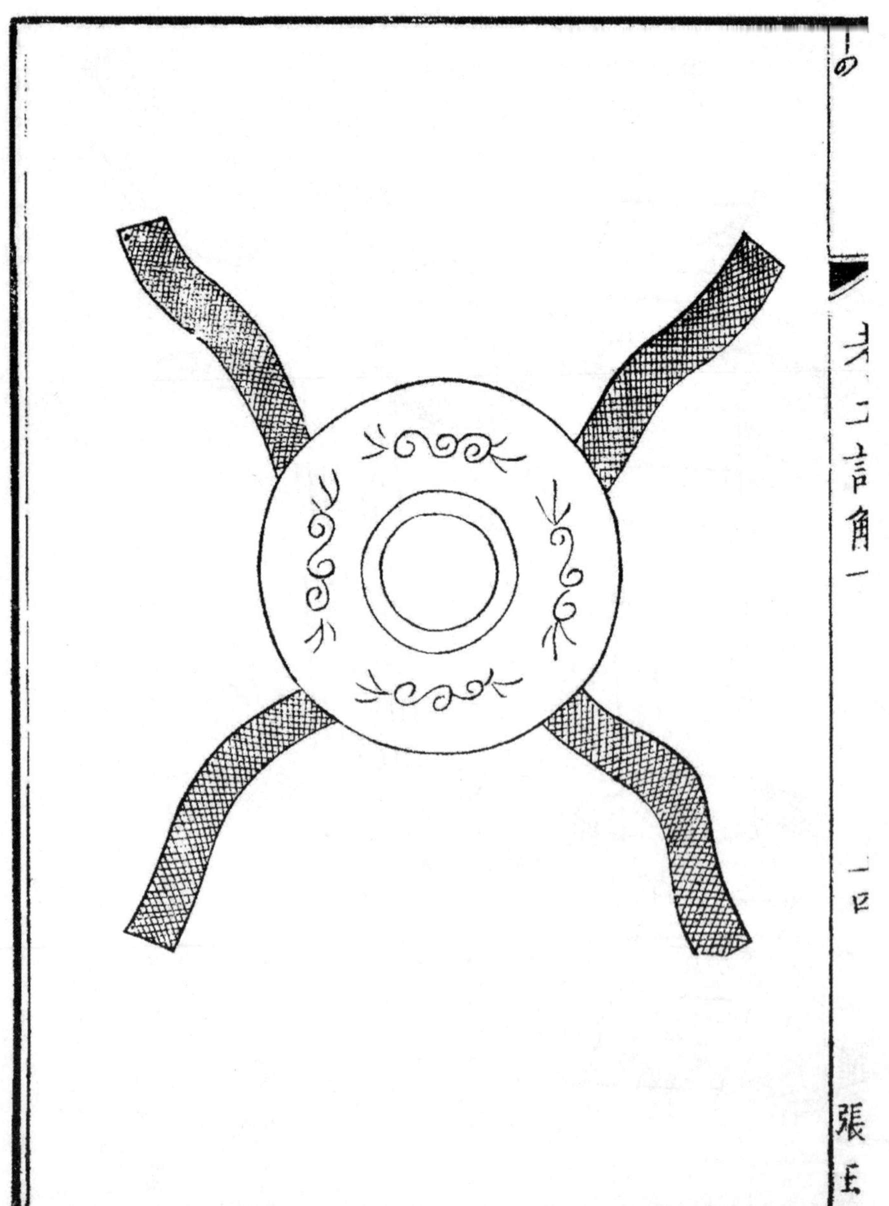

楖人闕

雕人闕

磬氏爲磬

倨句一矩有半

磬之制必先度一矩爲句一矩爲股而求其弦之兩頭相望一矩有半則磬之倨句也磬之制有大小此假矩以定倨句非用其度耳

其博爲一

博謂股之博也

股爲二鼓爲三參分其股博去一以爲鼓博參分其鼓博以其一爲之厚

股磬之上大者鼓其下小者所當擊者也股大而

鼓差小假如股三寸則鼓只二寸股九寸則鼓只六寸也又三分其鼓之博而厚得其一如鼓大三寸則厚只一寸也

已上則摩其旁已下則摩其耑

已上已下論厚薄也若鼓廣三寸厚有一寸以上則摩鑢其旁使薄也若鼓廣三寸而厚不及一寸則爲已下是傷薄矣薄則不可得而使厚但摩鑢其石之端使短短則不薄矣此謂其長短厚薄欲使其聲清濁得所也過厚則就大小增減過薄則就長短增減此作磬之法也

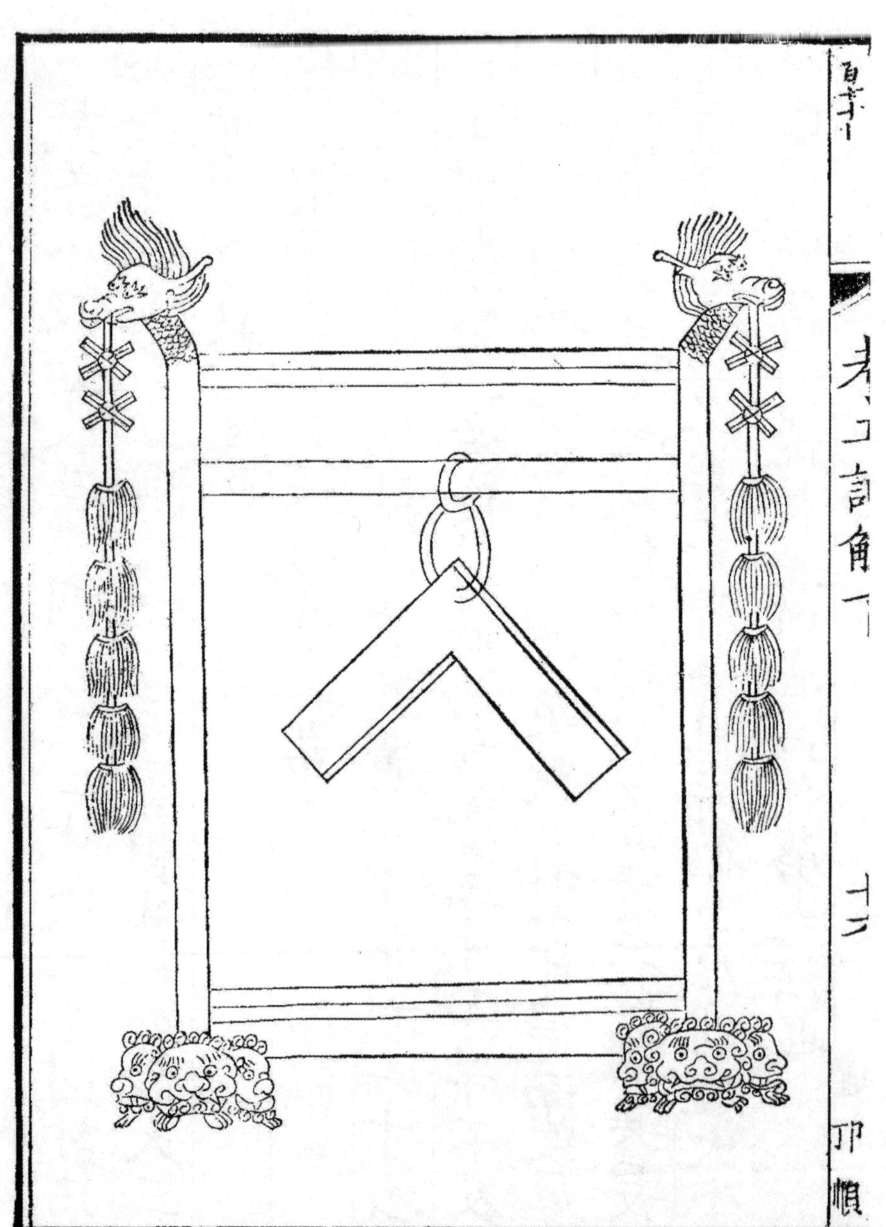

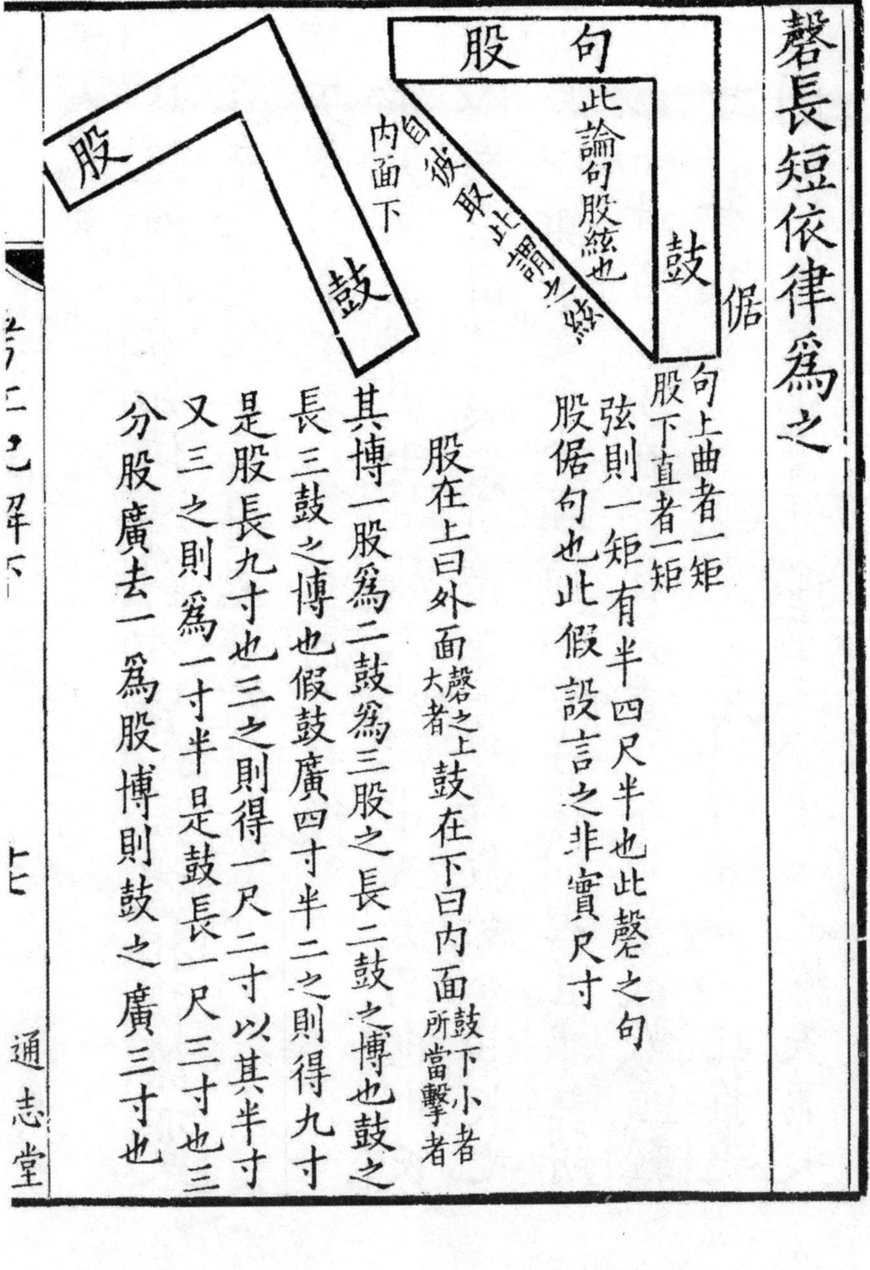

磬長短依律爲之

句上曲者一矩股下直者一矩弦則一矩有半四尺半也此磬之句股倨句也此假設言之非實尺寸

股在上曰外面磬之上大者鼓在下曰内面鼓下小所當擊者

其博一股爲二鼓爲三股之長二鼓之博也鼓之長三鼓之博也假鼓廣四寸半二之則得九寸是股長九寸也三之則得一尺二寸以其半寸又三之則爲一寸半是鼓長一尺三寸也三分股廣去一爲股博則鼓之廣三寸也

矢人爲矢

此記所紀未知何時解者皆以周禮相辨證亦未爲至當之論今且得依注疏所説

鍭矢參分茀矢參分一在前二在後

鍭矢茀矢兵矢田矢殺矢此記中五矢名也鄭氏以周禮司弓矢證之謂茀當爲殺參分其矢之長以衡平之一分在前二分在後則得其半其所以如此者以鏃在笴首差重也此意蓋欲鏃頭輕重得宜或太重太輕則於射時有病也以此推之則鏃箭之重正得笴之重三分之一也鍭矢茀矢

皆然若以文法觀之恐鏃矢下三分字衍文也下
文兵矢田矢則可見
兵矢田矢五分二在前三在後
此二矢以五分均之其鏃鐵比鏃矢殺矢又少輕
也鄭云兵矢者枉矢絜矢也絜音擷又音結田矢
繒矢也亦以司弓矢證之也
殺矢七分三在前四在後
此鐵鏃又差短小也鄭云殺當爲茀茀音拂前
以茀爲殺此以殺爲茀皆因周禮司弓矢職爲
窒礙也若知考工與周禮異則無此矣

參分其長而殺其一

笴之入鏃處必削減少許也故曰殺三分而殺其一亦欲輕重得所也

五分其長而羽其一

此論箭幹也假如笴長二尺則設羽處有四寸也

以其笴厚爲之羽深

此亦量其輻廣以爲鑿深之意不曰量而曰以者分毫未可定也笴矢幹也其厚能幾況羽又設之四旁若謂其深必如其厚則無可容之處記

者特言其大槩而已
水之以辨其陰陽
竹有上下上爲陽下爲陰以水試之浮者爲上
而沈者爲下也
夾其陰陽以設其比夾其比以設其羽
比者笴之兩旁也陽爲左陰爲右比在其左右
也比必笴上有一線稍高也夾其比而設其羽者
羽有四夾其比而置之四角皆有羽也
參分其羽以設其刃則雖有疾風亦弗之能憚矣
箭鏃之刃與笴末之羽兩者相並羽有三分則刃

有一分鄭云刃二寸恐未然憚讀爲怛又音歎雖
有疾風亦不憚者言刃與羽若得其所則疾風之
中而射之其箭亦無所動驚也

刃長寸圍寸鋌十之重三垸

鋌鏃之容笴處刃長一寸則其鏃之圍亦一寸鏃
亦前小而後大其容笴處不應有十寸鄭氏以
爲脫字是也非十字誤則之字下更有某字也
其重三垸則一矢之長通重十二垸矣何者前言
三分一在前二在後則可見

前弱則俛後弱則翔中弱則紆中強則揚

俛者射之則趨下也翔者射之則摇摇紆者去不直也揚者激起也此言箭笴欲得不強不弱中與前後皆如一也

羽豐則遲羽殺則趮

豐多也殺少也遲去緩也趮去太急也此言設羽欲其不多不少得中也

是故夾而摇之以眡其豐殺之節也

夾於兩指之間而摇之則知其羽之豐殺也

橈之以眡其鴻殺之稱也

橈者以手試之也鴻大也殺小也此言欲其笴之

大小停當也故曰稱

凡相笴欲生而摶同摶欲重同重節欲䟽同䟽欲㮚

生不用枯竹也摶圓也竹之圓既同則擇其重者用之竹之重既同則擇其節之踈者用之踈長也其節之長既同則擇其堅栗者用之相擇也此擇笴之法也

矢

比括也在櫜之末羽則設於四角弓弩矢同然

殺矢參

鐵莖重

鋌十之鏃之容笴處也

注中分比之兩旁上下者以用時有横豎之别也

弓用時豎則比見其兩旁弩用時横則比見其上

下此就弦言之也

陶人爲甗實二鬴厚半寸脣寸

甗其底虛如陽子然即甑類也可以蒸物也鬴六斗四升也其實二鬴則亦甚大矣其脣厚一寸其身厚半寸

盆實二鬴厚半寸脣寸甑實二鬴厚半寸脣寸七穿

盆有底者甑亦與甗同但其底不爲陽子路而爲七穿也

鬲實五㲉厚半寸脣寸

㲉與斛同三斗爲㲉則又大矣鬲鼎釜之類也

庾實二㲉厚半寸脣寸

語曰與之庚則斗量之類也此與鬲甗同言則必以瓦爲之但其名同耳庚又小於鬲者

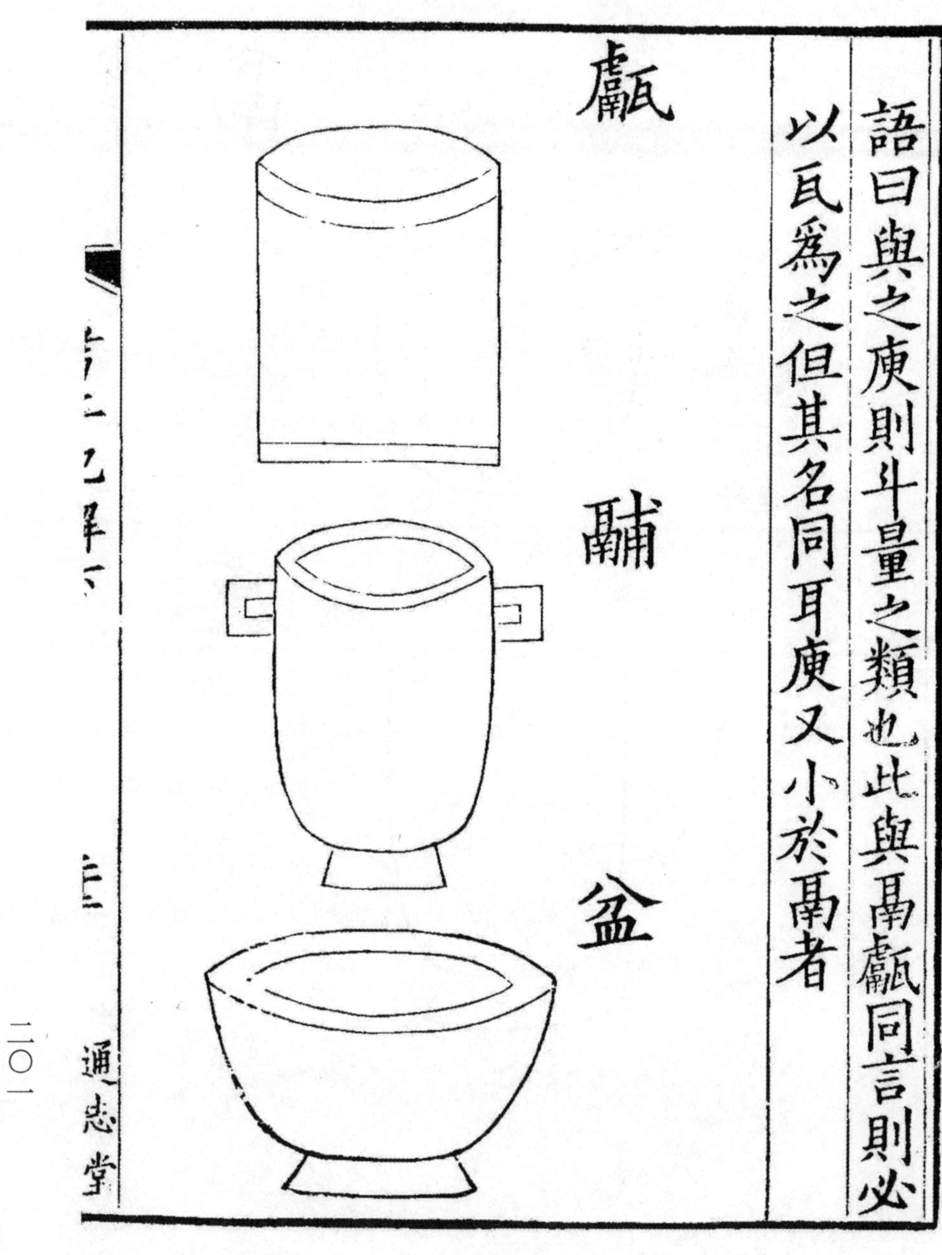

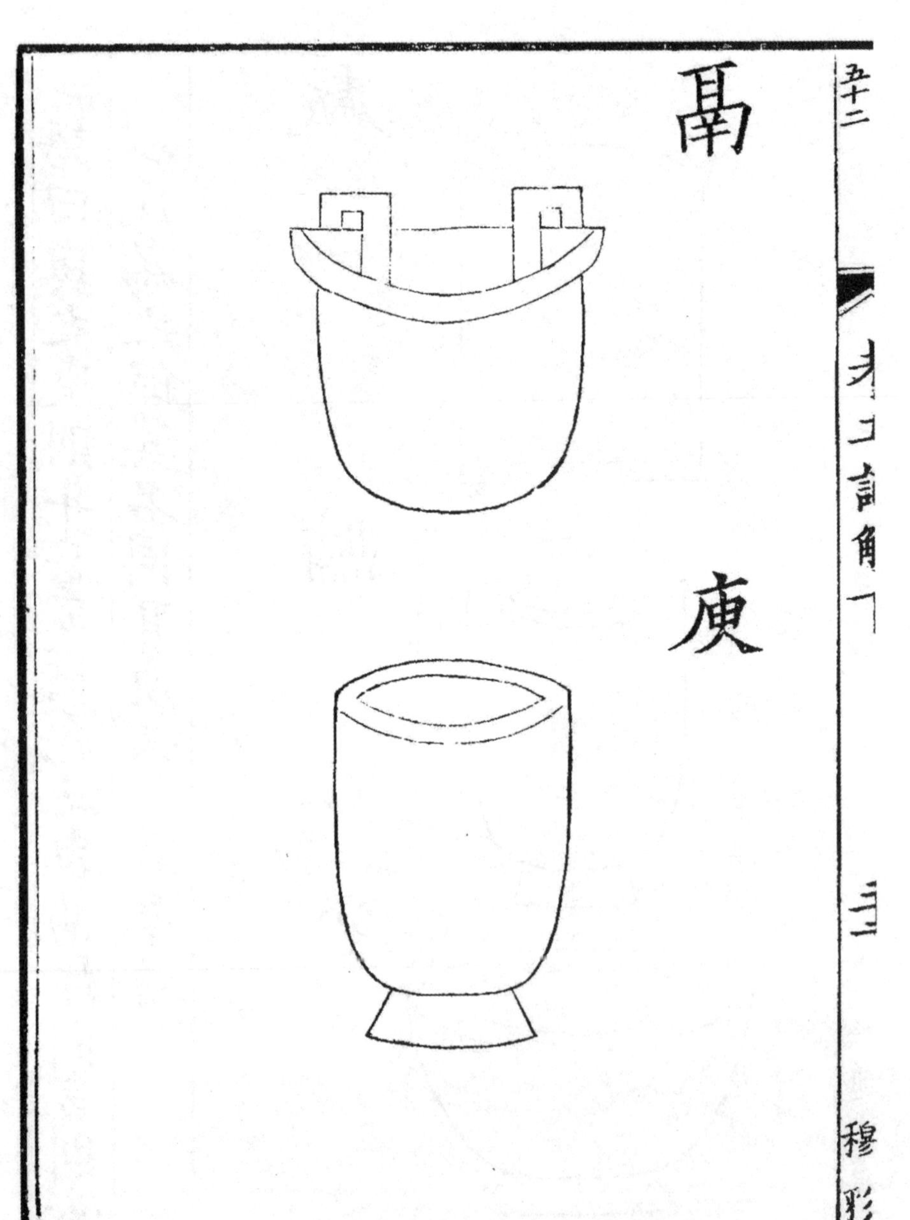
鬲
庚

瓬人爲簋實一觳崇尺厚半寸脣寸

簋祭祀之器也方曰簠員曰簋易曰二簋可用享詩曰如豆如登皆爲祭器簋又從竹亦有木爲之者今皆爲摶埴之工則古人必皆以瓦爲之

豆實三而成觳崇尺

三斗爲觳三豆一觳則一豆之實一斗也

凡陶瓬之事髻墾薜暴不入市

髻薄也墾有傷處也如鋤墾之傷物也薜破裂也暴有爆起處也古有市官凡此皆不中用者故不許其入市賣也

器中膞豆中縣

膞音旋從註也鄭云讀如車輇之輇雜記中語也輇市專反陶者制器之用也今人以木爲之如盤然附泥而旋轉之凡陶器之圓者皆然今曰器中膞者言陶瓬之爲圓瓦器皆中此法度也豆瘦而長故欲其直而中縣也

膞崇四尺方四寸

旋盤之高四尺是巳此圓物而謂之方四寸何也必其膞柄之直者也

梓人爲筍虡

此一官制作易知其文最奇不可不熟讀之

天下之大獸五脂者膏者鸁者羽者鱗者宗廟之事脂者膏者以爲牲鸁者羽者鱗者以爲筍虡

羽禽也亦謂之獸總言之也欲言筍虡所刻之獸而並以爲牲者言之文勢也以總入而後枚數之也脂者牛馬之屬膏者犬豕之屬鸁者淺毛虎豹之屬故家語以人爲鸁蟲羽者飛禽也鱗者魚也

外骨内骨卻行仄行連行紆行

外骨龜屬内骨鼈屬卻行蚓屬仄行蟹屬連行

蟻屬紆行蛇屬
以脰鳴者以注鳴者以旁鳴者以翼鳴者以股鳴者
以胷鳴者謂之小蟲之屬以爲雕琢
脰鳴鼃黽之屬注口也注鳴鳥之屬旁鳴蜩蟬之屬翼鳴蟋蟀之屬股鳴蚣蝑之屬胷鳴熒原之屬熒原此間所無未知何物此小蟲只可雕琢揚雄曰蛇醫或謂熒原
厚脣弇口出目短耳大胷燿後大體短脰若是者謂之臝屬恒有力而不能走其聲大而宏有力而不能走則於任重宜大聲而宏則於鍾宜若是者

以爲鍾虡是故擊其所縣而由其虡鳴
厚脣弇口豕之屬出目短耳目之突出曰出目注家皆不言何物大胷今馬亦然燿音耀燿後不知何物必其後可觀也恐是麟獅之類大體短脰身大而項肥也此爲羸獸又有力而聲大故以爲鍾虡鍾大器也非有力者不足負之虡架也擊其所縣若其聲出於所刻羸屬之口故曰由其虡鳴此作文之奇者也

銳喙決吻數目顧脰小體騫腹若是者謂之羽屬恒無力而輕其聲清陽而遠聞無力而輕則於任

輕宜其聲清陽而遠聞於磬宜若是者以爲磬虡故擊其所縣而由其簴鳴

銳尖也以吻決物而食之鳥雀皆然也數緊急也其目視急也鷹之屬也頎音慳又音肩長貌也莊子曰其脰肩肩是也故曰頎脰小體騫腹其身小而腹縮可以騫舉也此爲禽屬無力而聲清陽陽者發也遠聞者彼此皆聞也磬小物故以此爲虡

小首而長摶身而鴻若是者謂之鱗屬以爲筍

頭小而長魚類皆然摶身而鴻身圓而大也鴻大

也亦魚之屬此爲鱗物故刻於鍾磬虡之筍上植者爲虡橫者爲筍也

凡攫閷援簭之類必深其爪出其目作其鱗之而深其爪出其目作其鱗之而則於眡必撥爾而怒苟撥爾而怒則於任重宜且其匪色必似鳴矣爪不深目不出鱗之而不作則必穨爾如委矣苟穨爾如委則加任焉則必如將廢措其匪色必似不鳴矣

攫閷援簭四字總狀獸之能搏噬者攫以爪足攫物而食也閷者能殺物而食也援者以足握物而食也簭者以口噬物而食也梓人之雕刻此類其

爪必深雕其目必突出鱗之而者頰之有髭鬛處也作起也刻之深突而起則其視如怒撥者怒之狀也匪采色也詩曰有斐君子與此匪字同也雕刻之工精妙則纔施采色雖鍾磬未擊其物已似能鳴矣若工刻不精則無精神其狀積如委隧言其不活也雖以鍾磬加之如將廢隧然言其不勝也縱施以采色亦似不能鳴者措施也自凡字以下皆結上文形容工匠之巧拙也古人文字其工如此不可謂不留意於文者誰謂三代無文人六經無文法乎

古人制作皆有意義豈匠者能之主此官者皆有識之士也

業上端有壁翣

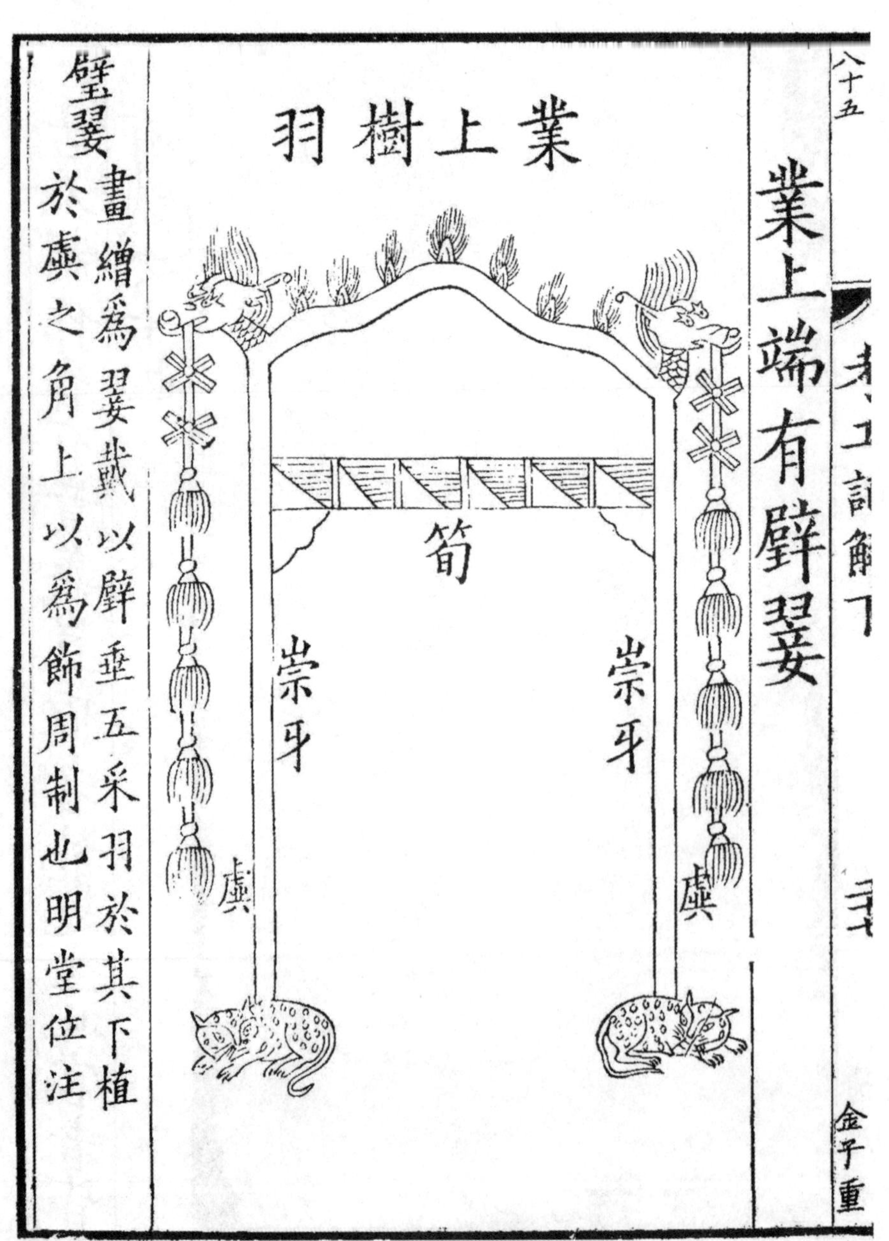

壁翣畫繒爲翣戴以壁垂五采羽於其下植於虡之角上以爲飾周制也明堂位注

梓人爲飲器勺一升爵一升觚三升
勺與爵受一升之酒觚字當作觶此鄭注之說蓋
韓詩說一升曰爵二升曰觚三升曰觶四升曰角
五升曰散今此三升即觶也觶音至古書或作角
旁從氏所以誤寫作觚也
獻以爵而酬以觚一獻而三酬則一豆矣食一豆肉
飲一豆酒中人之食也
三酬九升獻一升則共爲一斗矣此以器量之大
小而爲文非主一獻而賓三酬也若曰一爵三觶
爲一斗則不文矣斗字聲訛爲豆此亦鄭注之說

也艾軒云既下文有一豆肉字則此即豆字非訛也能食一豆之肉飲一豆之酒則爲中人矣瓬人曰豆實三而成觳斛實三斗則一豆正一斗也依字讀亦可豆有三金木成之各實四斗此必瓦豆也瓬人所爲者瓦豆也論梓人所制而取瓦豆者以其大小所受言之即與斗同義也齊晏子所言乃金木豆也

凡試梓飲器鄉衡而實不盡梓師罪之

此數句乃結上文鄉衡向人而横也爵觶之類當飲時既向人而側立則其中之實必無留者若有

留而不盡者則是摩刮有不平處梓師必罪責其人梓師者梓人之長者也

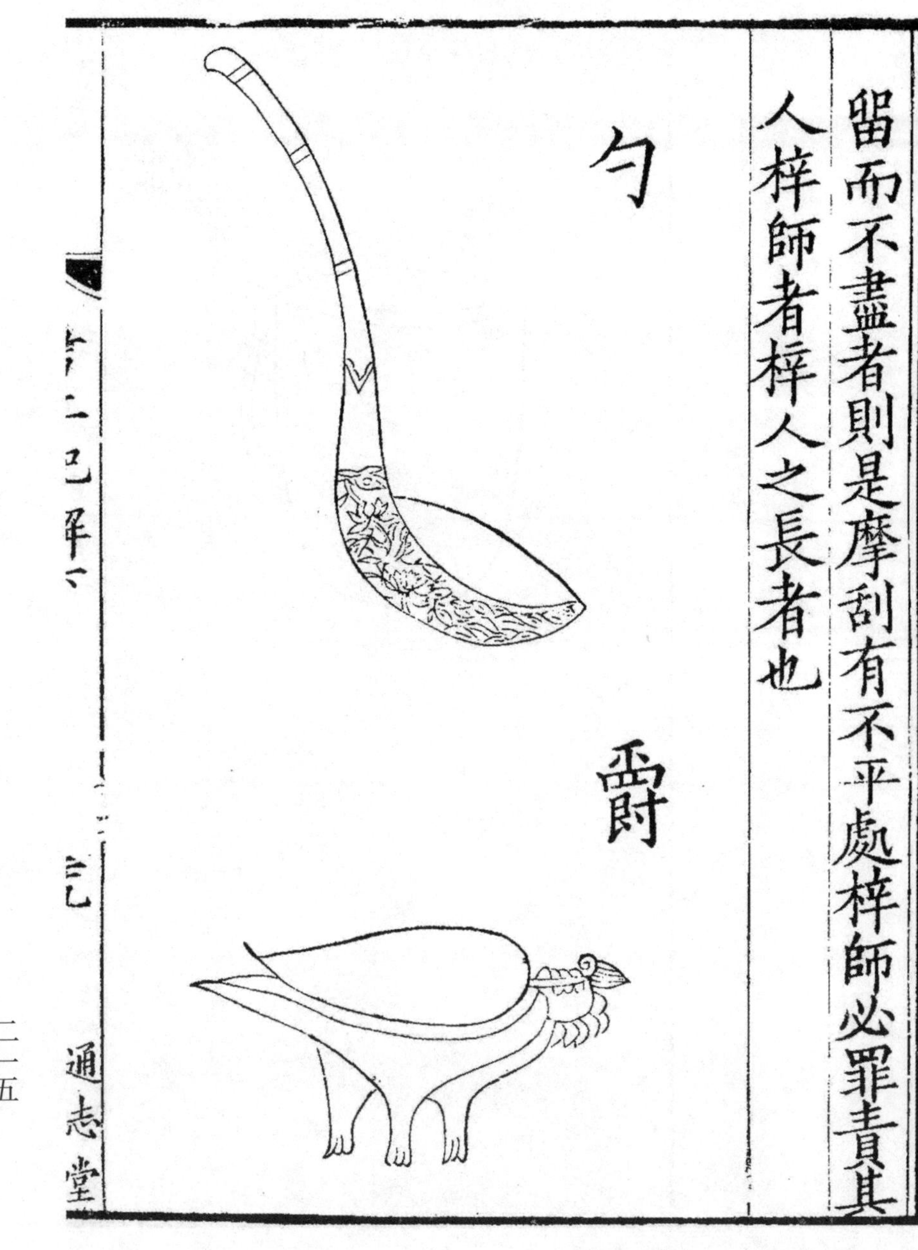

四十五

觚

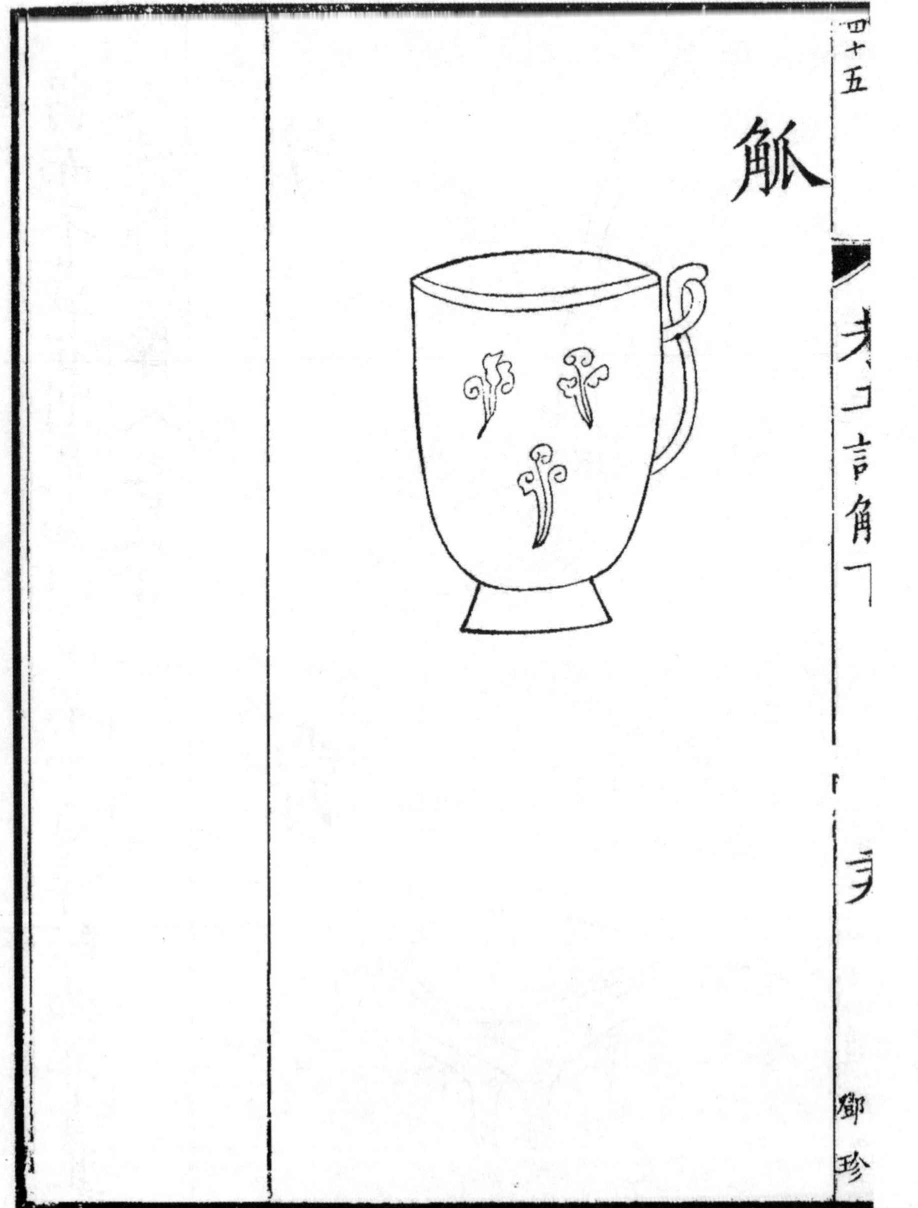

梓人爲侯

侯乃今之射垜也以木爲之而張布也

廣與崇方

侯之高與侯之廣雖有上下大小而其制皆方

參分其廣而鵠居一焉

鵠箭帖也三分其廣而置鵠在其中只得一分假如侯廣九尺則鵠三尺也不言尺寸者隨侯之大小以爲準則也

上兩个與其身三下兩个半之

鄭云个讀爲榦榦乃上下舌也明堂左个右个即

兩邊也看此兩个恐只是兩邊依字亦可通侯之制上廣而下狹自棲鵠而上以侯爲三分身居中兩个居兩邊皆小大一同自鵠而下則其身與上身同而兩邊比其身只有一半蓋下狹也注說頗費力以此言之似稍簡而易明皆不言尺寸者隨大小以此爲準非可預定也

上綱與下綱出舌尋縜寸焉

綱繫縛處上下縛處必有舌兩邊之首皆出舌長一尋方可縛也尋八尺也縜音雲連侯之繩也繩圜有一寸定其大小也

張皮侯而棲鵠則春以功

此大射之侯也其皮用熊虎豹據司裘言之也春鄭以爲蠢看來只是春時用也射禮以考功能也如擇士於射宮之類棲鵠則可射以考其中的與否也

張五采之侯則遠國屬

此賓射之侯也以五采畫之遠國服屬於王而來朝王以賓禮待之故用此侯古者以射爲禮也此侯不棲鵠只畫於其中

張獸侯則王以息燕

此燕射之侯也王於休息燕享之時則張此獸侯亦不棲鵠而畫獸於其中鄉射記所謂天子熊侯白質是也以白爲質而畫熊於中鄭云凡畫皆用丹

祭侯之禮以酒脯醢其辭曰惟若寧侯毋或若女不寧侯不屬于王所故抗而射女強飲強食詒汝曾孫諸侯百福

侯乃射棌之名因其祭而寓意乃以爲諸侯之戒蓋射是武事所以及此意也古者處事以敬件件有祭禡有祭侯有祭是也如蜡祭貓虎之類

亦然寧安也順理而安於職分者王則享之燕之不寧而爲逆不順王命則伐之如射此侯也若者戒之之意謂其必似彼而不可似此也凡爲寧侯則勉其加飲加食以自壽詒其國於汝曾孫世世爲諸侯享有百福也酒脯醢之祭不用生物也鄭云寧侯爲有功德故祭之文意未通

艾軒云古文天生地設如此簡妙後人爲古文則務爲艱險便有筆墨蹊徑不如此自然矣

侯有中有个有躬三者

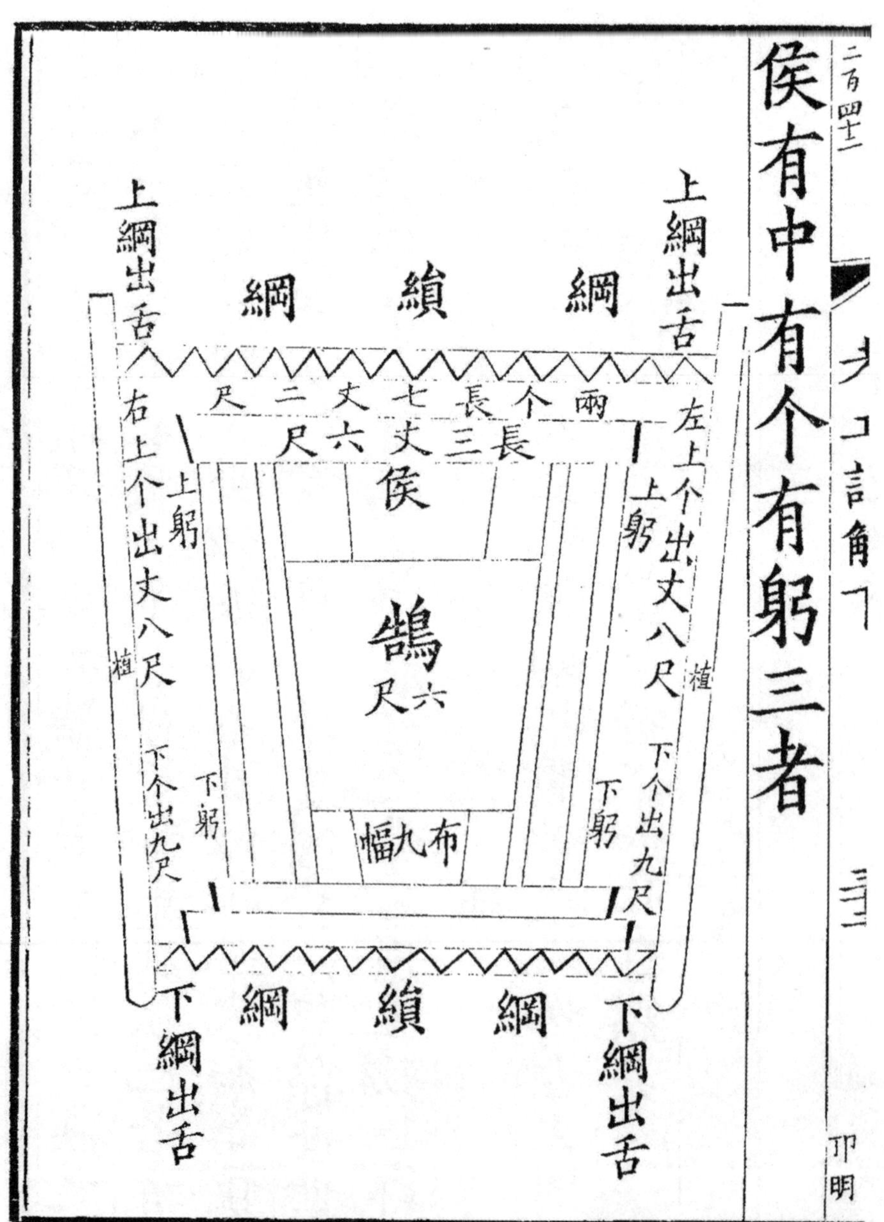
上綱出舌
綱
縜
綱
上綱出舌
兩个長七丈二尺
長三丈六尺
右上个出丈八尺
左上个出丈八尺
上躬
上躬
侯
鵠
六尺
植
植
下个出九尺
下个出九尺
下躬
下躬
布九幅
下綱出舌
綱
縜
綱
下綱出舌

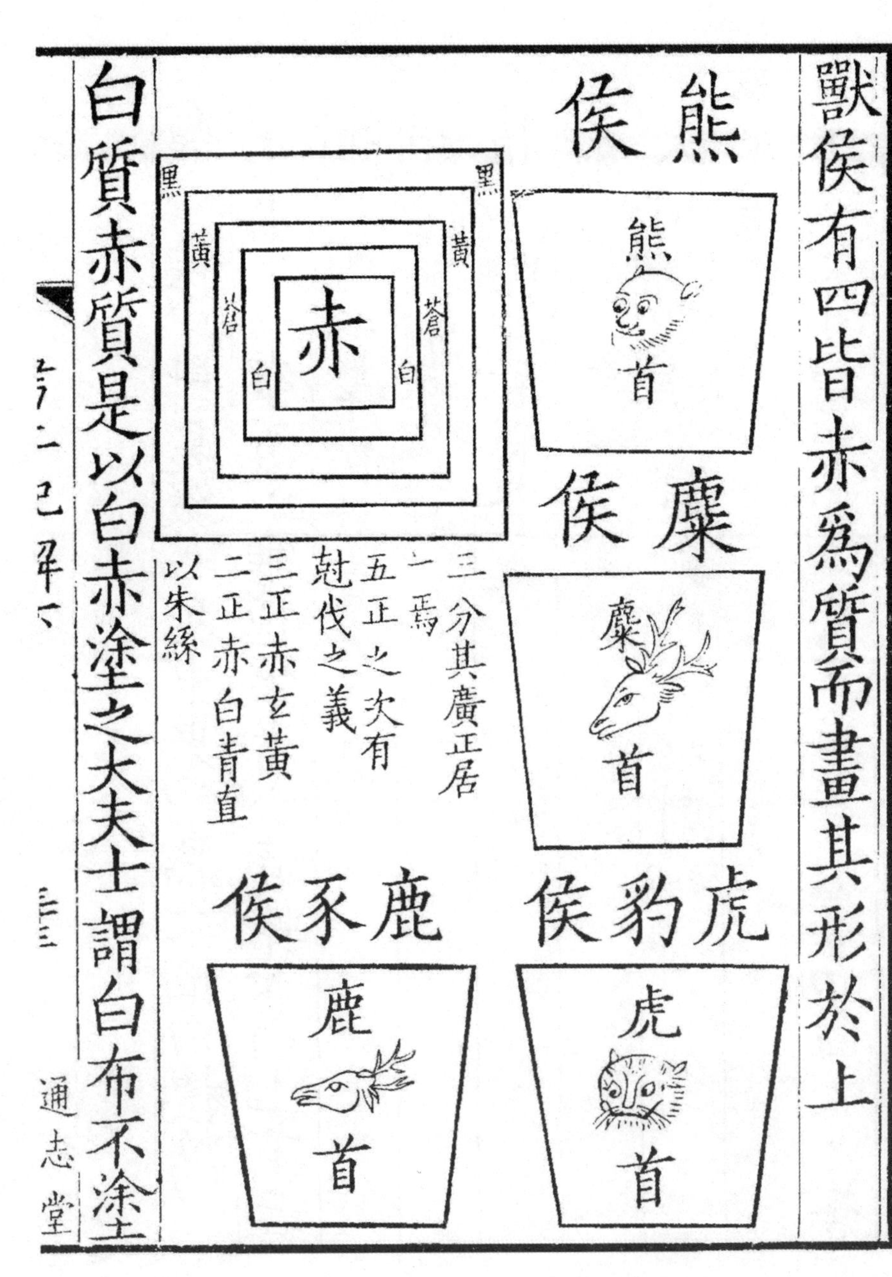
獸侯有四皆赤爲質布畫其形於上
熊侯
熊首
麋侯
麋首
虎豹侯
虎首
鹿豕侯
鹿首
黑
黃
蒼
白
赤
白
蒼
黃
黑
三分其廣正居
一焉
五正之次有
尅伐之義
三正赤玄黃
二正赤白青直
以朱緣
白質赤質是以白赤塗之大夫士謂白布不塗

侯

鵠 侯中射𧇾綴也於中央似鳥之栖曰棲鵠

上下个 布所以維持侯者个音幹亦曰上下舌

綱 所以繫侯於直者

縜 籠綱者

植 兩箱皆斜豎之

三射

大射 用皮侯大射將祭也 賓射 用五正侯 燕射 用獸侯

五采畫正

正方之外如鵠內二尺五采者內朱而白次之蒼

次之黃次之黑次之

正　九十弓侯五正　七十弓三正　五十弓二正

天子以下皆五十歩侯無尊卑之別

廬人爲廬器

廬柄也此一官專爲兵器之柄

戈柲六尺有六寸殳長尋有四尺車戟常酋矛常有四尺夷矛三尋

柲亦柄也五兵戈一也殳二也戟三也酋矛四也夷矛五也疏曰此經所云柄之長短皆通刃而言尺數也酋之長與夷近矣車上之戟長丈六尺倍尋曰常酋二丈夷矛二丈四尺夷長也酋短也夷字開口引聲言之故訓長酋字合口促聲言之故訓短先儒訓詁之法如此今人但依註讀不知其

法始於此

凡兵無過三其身過三其身弗能用也而無已又以害人

凡兵之長至於三倍人身而止無過者不可過此也若過此則太長不可用矣過三其身已不可用若更加長而無巳則非惟不可用又有害於人謂其太長能自累也

故攻國之兵欲短守國之兵欲長攻國之人衆行地遠食飲飢且涉山林之阻是故兵欲短守國之人寡食飲飽行地不遠且不涉山林之阻是故兵欲長

此一段言攻守之兵不同攻者遠行飲食不得飽則無力跋涉阻險則勞力故宜用短兵若在國守禦則飽佚而不勞宜用長兵短者輕長者重也短者弓矢之類長者殳戈之類也此亦言其大槩豈有攻兵全不用殳戈乎但有多寡耳

凡兵句兵欲無彈刺兵欲無蜎

句兵戈戟之屬太長則執之而戰掉也彈者戰掉也刺兵矛之類欲無蜎蜎者撓也撓則弱易折也

是故句兵椑刺兵摶

椑不圓也齊人謂柯斧柄也椑者匾而不甚圓摶

圓也刺兵之柄則甚圓也

轂兵同強舉圍欲細細則校

轂兵殳屬也以其不刺而擊故又曰轂兵也同強者柄之上下皆一樣大也舉者手執處也柄之執處其圍欲細細即小而光滑也欲其執之便也校疾也執之便則用之快疾也

刺兵同強舉圍欲重重欲傳人傳人則密是故侵之

刺兵柄之上下亦一樣強大但手執處欲稍重重則大於上下矣傳者附也執處重則上下稍輕用之附人兵既附人則可以審密而用之以刺人也

密審也侵刺也

凡爲殳五分其長以其一爲之被而圍之

被註云把中者人把執處也假如其長五尺則其柄之執有一尺圍則徑三寸以上矣

參分其圍去一以爲晉圍

晉者柄之下銅鐏也參分被之圍去一而得其二假如被一尺則銅鐏之圍有六寸六以上矣

五分其晉圍去一以爲首圍

首殳上鐏也五分晉之圍去一而得其四假如晉圍五寸則首有四寸矣凡不言尺寸者皆隨其器

而準之不可以預定也

凡爲酋矛參分其長二在前一在後而圍之五分其圍去一以爲晉圍參分其晉圍去一以爲刺圍

二在前一在後者其柄之上二分稍大下一分稍小也刺圍者刺刃之圍也二前一後言其長也柄之大小則不可知假如圍有五寸去其一而得四則酋矛之下鐏其圍四寸也三分其下鐏之四寸而去其一則刺圍有二寸六分以上也

凡試廬事置而搖之以眡其蜎也

置植也植而搖之則知其蜎與不蜎也蜎橈弱也

灸諸牆以眡其橈之均也

灸拄也舉而拄之牆則知其彊弱均與不均也

橫而搖之以眡其勁也

平執而搖之則知其勁與不勁處若有勁不勁處平而搖之則必一頭弱一頭強也

六建既備車不反覆謂之國工

六建即前言車之六等也六等之中有戈有殳有戟有酋矛是四建也今總言六建者謂車上之六等既備而建立矣此四者之柄在車之上若無搖動反側傾覆則是其廬器強弱得所此國工之所

爲也故曰謂之國工

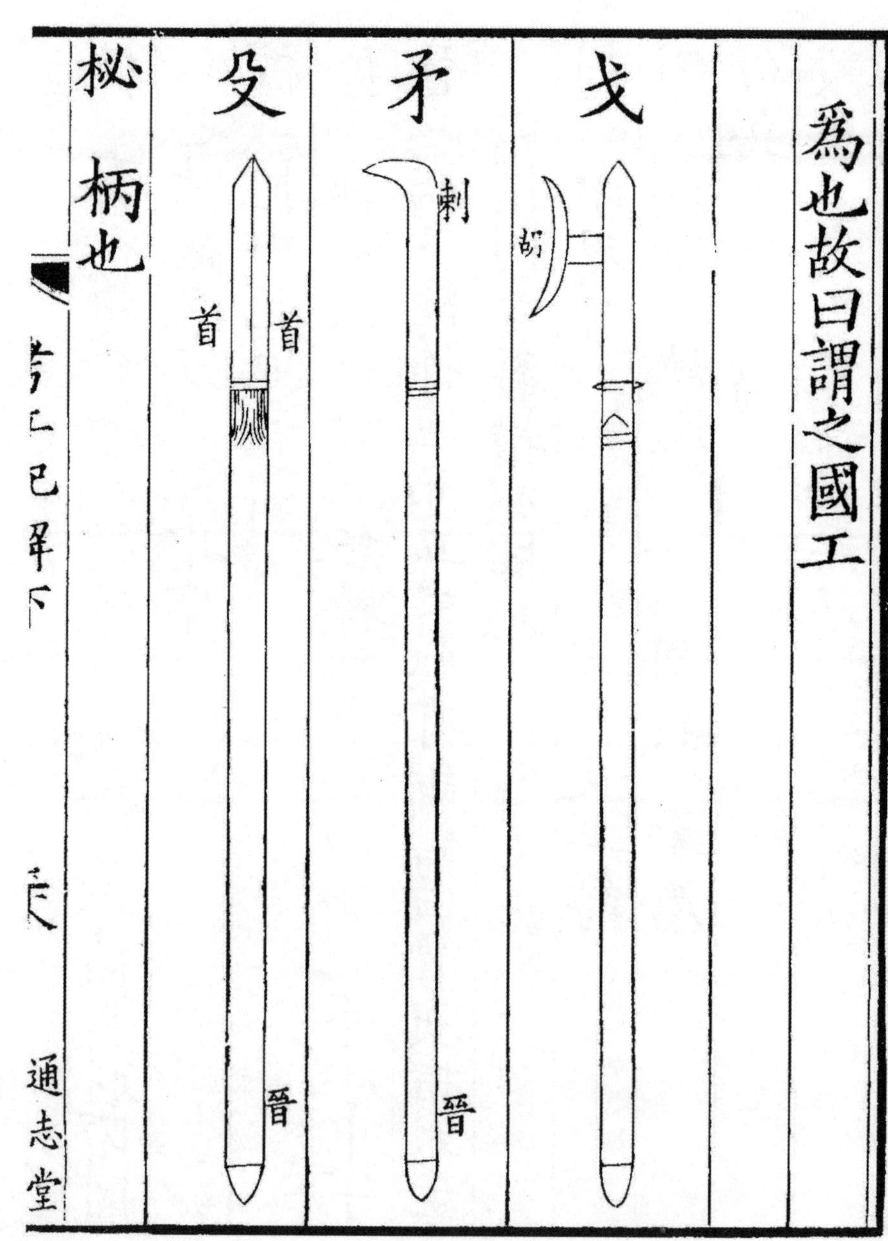

柲柄也

椑　齊人謂斧柄爲椑薄兮反與鼙音同其形隋圜也隋他果反此注中字

被　把中也把音覇

矜　鄭云凡矜皆八觚矜巨巾反即柄也亦注中字

晉　柄下欲插地而立之處有銅鐏曰晉與搢大圭之搢同音義搢亦插也

刺　矛刃胷

首　殳上鐏

鐏　柄下入地處

刺兵　矛屬

句兵　戈戟屬

毄兵　殳也殳長而無刃用以擊打也

匠人建國

建國者通王國侯國言之也

水地以縣

注云四角立木此說未明經言水地而注云立木恐亦未當蓋水地以縣置槷以縣兩句即一事也先以水平地猶恐未定必以縣而後正也何以爲縣置槷以爲縣也水地者假如一所用一丈之地先爲四方之溝乃注水以試之地有高下則水之流行自有高下鋤掘其地用水以平之水既平矣猶未可也又用縣槷以定之

置槷以縣

槷與臬字同臬居門之中此制用木一縱一橫橫者在地縱者向上其縱者橫木之中就此木之上懸繩以取正即可定地高下也水地以縣者謂以水平地而後爲置槷之懸也

眡以景

此以土圭視日景而定東西南北也

爲規識日出之景與日入之景

規法也爲眡景之法以記日出入之景取東西之中也識音志記也

晝參諸日中之景

日出入之影用朝晚考之日中則定也

夜考之極星以正朝夕

極者北極星也其一至微號曰含樞紐正在天中極中也而天形如倚蓋則此星乃在天之最北故曰北極夜考極星相去遠近則知南北之正也以正朝夕者南北既定則可以朝夕參日出入之景而正東西也

匠人營國

前言建國建國之城也此言營國營國之宮室也

方九里

鄭云九里者上公之國也九里之城孟子亦言之此必舉其一爲例以推其餘也

旁三門

城之一旁皆爲三門也四旁凡十二門也

國中九經九緯

每旁三門每門三涂則有九涂也南北門之涂爲經東西門之涂爲緯南有九經北有九經東有九緯西有九緯也四旁十二門共三十六涂也一門何取乎三路蓋男左女右而車行其中也

經涂九軌

此舉一經以推其餘也且如南旁三門共九經之涂每涂皆容一軌則爲九軌也軌車行之路也車六尺六寸盡軸頭七寸共成八尺軌亦廣八尺方可容車行也男行左涂亦八尺女行右涂亦八尺左右非車行亦以軌言謂其軌廣皆可容車也軌亦曰轍

左祖右社面朝後市

面前也左右前後據王宮而言王宮居中而祖廟在左社在右朝廷在前市居在後也

市朝一夫

市與朝皆用一夫之地一夫方百步以開方言則四面各百步爲百畝之地也一市百畝恐亦太狹易山齋曰古有三朝内朝治朝外朝亦有三市大市居中朝市居東夕市居西此特言其一耳

夏后氏世室

此三項皆明堂也注云世室宗廟也重屋路寢周人明堂則今之明堂也此說未然三代所名雖不同其實則一堯有衢室舜有總章亦明堂

堂脩二七廣四脩一

脩者深也二七者堂脩十四步也廣四脩一者四分脩之一也以十四步分而爲四每分三步半也此堂之廣十七步半是其廣加於深四分之一也

五室三四步四三尺

五室者堂上爲五室也三四步四三尺此兩句最難說注說不通上既說堂脩十四步廣四脩之一矣則此言三四步者乃室之脩也四三尺者乃室之廣也只省文耳一步六尺三个四步是十二步其室之脩如此四个三尺即二步十二尺也二步不成文故曰四三尺艾軒云古人未有文字蹊徑

故出語自然如此簡妙今人旣有文字蹊徑則於此但見其高遠

九階

一堂四面皆有階南面三階東西北各兩階共爲九也南面中階一也阼階在右一也側階在左一也側階亦曰西階阼階亦曰東階此據南向一面分爲三則有中有東西非東鄉西鄉之階也

四旁兩夾窻白盛

室之四旁各有戶一戶皆兩夾窻夾者夾戶之兩邊也每室四戶八窻取其明快也白盛者以蜃灰

堊辟也蜃海蛤也

門堂三之二

門堂者内兩塾兩邊兩臺也今天子正外門有兩臺如所謂兩塾之間也門堂者當爲門側之堂也三之二者就十七步之中得三之二也以十七步三分之兩分爲門堂也

室三之一

室者門堂側邊有兩室也於十七步中得三之一也

殷人重屋堂脩七尋堂崇三尺

重屋亦明堂但名異耳其堂深五丈六尺乃七尋也脩深也其崇三尺陛高三尺也

四阿重屋

注説四阿若今四柱四柱漢語四邊皆注水則四邊瀉水也疏云四霤今時佛殿皆爲四柱中間屋高四邊皆有簷也故曰重屋鄭云重屋複笮亦漢語複音福笮側白反

周人明堂度九尺之筵東西九筵南北七筵堂崇一筵

周人謂之明堂也以九尺之筵而度其地東西七

十二尺南北五十六步筵者因其設筵以此量之
也崇高也度量也

五室凡室二筵

堂上有五室每室皆深二筵而巳室就堂上四隅
爲之東南火西南金西北水東北木中央土以配
五行若祭五帝於明堂則用此室周人爲明堂旣
有五室夏后氏亦五室殷人必亦五室若非鈌文
則三代皆同只省文耳

室中度以几堂上度以筵

因其所凴之几而度之堂上設筵室中設几因其

所有而用之以量也

宫中度以尋

宫中注云合院之内即屋内也即以手度之尋者用手尋度之兩臂之張即六尺也

野度以步涂度以軌

野中人行涂中車行亦因其所常見而度之是度以步也前曰經涂九軌是度以軌也

廟門容大扃七个

扃注云大扃牛鼎之扃長三尺小扃膷鼎之扃長二尺此以漢器證之扃用以闔鼎也每隻爲一个

此扃三尺則七个扃共長二丈一尺也廟門之廣可容此

闈門容小扃參个

廟中之門曰闈三个二尺則其門只廣六尺也

路門不容乘車之五个

路門大寢之門乘車廣六尺六寸五个乘車則共廣三丈三尺也曰不容者謂不及三丈三尺也

應門二徹參个

正門謂之應門乃朝門也鄭注云二徹之内八尺參个八尺則此門廣二丈四尺門外九經之涂男

女行處與車行處共有三路此言二徹者借此爲文不曰八尺三个而曰二徹三个者作文法也

内有九室九嬪居之

内路寢之内也九室九嬪各有所職此治事處也雖處六宮之内想王者聽朝時則九嬪在此室共職事也

外有九室九卿朝焉

路門外九室九卿治事於此也鄭云如今朝堂諸曹治事處以漢事證古制也三孤六卿共爲九卿九分其國以爲九分九卿治之

鄭云分者分職非分地也艾軒云周召分陝爲二伯矣周召三公也其間又分爲九項以三孤六卿分主之亦各有地也

王宮門阿之制五雉

阿是門邊小樓鄭云角罘罳處也城上小樓爲阿屋前曰四阿之類皆有簷霤處也雉高一丈廣三丈鄭云度高以高度廣以廣此阿屋五雉是高五丈長十五丈也

宮隅之制七雉城隅之制九雉

隅者城角也罘罳角處也角處又高二丈故曰七

雉城隅又高四丈故曰九雉門阿可以論長若宮隅城隅則只論高不論廣矣蓋宮城甚長非七雉九雉而止也然度高以高度廣以廣鄭之說經無明文但恐度其高而已左氏曰都城過百雉則是論其廣矣

經涂九軌環涂七軌野涂五軌

南北正涂爲經涂環涂者環城外之涂也經則一直環則有圍繞處也野涂則野外之涂也環涂狹於經涂野涂又狹於城外之涂矣言經不言緯者經與緯同可以此推也

門阿之制以爲都城之制

大都小都皆有城王之城隅九雉都城則只五雉而巳分當殺也注說未明

宮隅之制以爲諸侯之城制

王城九雉都城五雉諸侯之城過於都城而不及王城故有七雉隆殺之分也不直曰幾雉而以此爲準者作文之法也

環涂以爲諸侯經涂

王國經涂九軌諸侯則七軌如王國之環涂也

野涂以爲都經涂

都在王畿之内公卿大夫之都鄙其涂制又殺於諸侯但如野外之涂五軌而已想小都亦然

匠人爲溝洫

溝洫一事乃周禮大節目蓋匠人之制與遂人不合故鄭氏以爲遂人所言鄉遂之制匠人所言乃三等采地之制王畿之内環以六鄉又環以六遂其地窄故其所述至萬夫有川而止三等采地散在王畿之内地頗寬故匠人所言至方百里也然子細推算大有差殊處鄭氏之説難以牽合若知周禮自爲一書考工自爲一書本不相關皆非周公舊典則無復此拘礙矣

耜廣五寸二耜爲耦一耦之伐廣尺深尺謂之甽田

首倍之廣二尺深二尺謂之遂

古人以牛乘車未知以牛耕只用人力而已故詩曰十千維耦耦者二人對耕也耜田器也耜廣五寸二人各執耜而伐其地則有一尺矣伐者發也一耦之伐廣一尺深一尺則謂之畎甽與畎同古字巜巛皆不從田巜即爲畎巛即爲澮後人方添田旁也畎乃田中小通水之圳也田頭之圳又大則倍於此畎其廣有二尺深有二尺則名曰遂矣

九夫爲井井間廣四尺深四尺謂之溝方十里爲成成間廣八尺深八尺謂之洫方百里爲同同間廣二

尋深二仞謂之澮

遂人曰凡治野夫間有遂遂上有徑十夫有溝溝上有畛百夫有洫洫上有涂千夫有澮澮上有道萬夫有川川上有路

夫間有遂合於田首之遂可也九夫舉井田正數十夫舉其成則九夫之溝合於十夫之溝可也此言方十里爲成成間有洫即九百夫之地而遂人曰百夫有洫何可強合乎此言方百里爲同同間有澮即九萬夫之地而遂人曰千夫有澮何可強合乎說者又曰遂人井田之法乃成周開方之數

匠人所言井間之溝爲一里十倍之而爲十里之洫又十倍之而爲百里之澮特言其一面之長而已然匠人方十里之洫是每一面各十井以開方而論則方十里者爲方一里者百是洫爲百井乃九百夫之地何與於遂人百夫之洫匠人言百里之澮是每一面爲百井以開方而論則方百里者爲方十里者百是澮爲萬井乃九萬夫之地何與於遂人千夫之澮彼據一間而言亦自竒特然終不可合大抵二書之不同艾軒所見高矣若鄭氏鄉遂異於采地之説前輩間字之説皆可爲揚

屋之用若求其至當皆不然也洫大於溝澮大於洫而皆同歸於兩山間之大川遂人曰萬夫有川此經無之二書之異明矣文王司馬法曰通十爲成成十爲終終十爲同說者曰文王治岐乃商末之制與匠人所言稍合書曰濬畎澮距川亦言自然之川恐此書乃爲古法周禮出於一時所作將爲經理天下之圖故立法大約如此亦與公侯伯子男分地同此皆其人一意規模也今人以六官考工皆出於周公宜其牽合窒礙也專達於川各載其名凡天下之地埶兩山之間必

有川焉大川之上必有涂焉

川各有名則爲大川可知矣水隨山行兩山之中必有川宜也大川之上可通人行安得無路此自然之涂非野涂九軌之涂也

凡溝逆地防謂之不行

溝通名也澮洫畎遂皆可通名以爲溝也此言造溝之法也地防地脉也石有時而泐石裂亦隨脉理而裂則知防爲脉理也水行必順地脉若逆地脉則不行矣

水屬不理孫謂之不行

屬即注也理亦順之意水之所注若不順理亦不行矣逆脉則甚逆不順則微逆然皆謂之不行者畢竟水性纔不順則皆不去也

梢溝三十里而廣倍

梢字之義即前言梢其藪之梢也梢溝即開溝也水行三十里之遠則其末之廣必倍於其首矣此亦言其大約耳

凡行奠水磬折以參伍

奠讀爲停從注家也奠本訓定若如字讀亦可通定即停也積水不流者若欲行之不容一直而下

一直而下則易涸也必爲委蛇曲折之狀三折五折如石磬之形則其去有漸可爲田間之用也

欲爲淵則句於矩

淵深也欲爲深溝停注此水則於其句曲如矩折之處開放深也

凡溝必因水埶防必因地埶善溝者水漱之善防者水淫之

水勢自高而下爲溝必順其勢不可逆也溝之善者水行如漱則易去也防以障水其善者則水雖淫溢亦不動也

凡爲防廣與崇方

防以止水也此如今之斗門也其廣亦爲方形其崇亦爲方形方則固也今之斗門亦未有圓爲之者

其綱參分去一

此言爲防之法下闊三分則上闊二分殺減一分也今築牆者亦然

大防外綱

防之大者障大水也以外面觀之必厚其下基而殺減其上則水易脫去也

凡溝防必一日先深之以爲式

此言爲溝防之法若欲造溝先一日開深則用若干人工可闊若干尺也防之高低亦可以深淺言故皆謂深式者準也以此爲準式則可計工計地而成之也

里爲式然後可以傳衆力

鄭云里字誤當爲已艾軒曰方里爲井古人治井田溝防之事於一井之地先爲之以爲式一里之工既定則百夫千夫萬井之地皆可推矣故曰里爲式蓋以一里之工力爲準也傳附也有已定之

工數則可以附集衆力而爲之也靈臺曰民始附者爲臺之工皆來附也即此附字之意

凡任索約大汲其版謂之無任

板築必以索而約束之緜詩曰約之格格是也任使也凡爲斗門者所用約束之索必須得宜若大汲引其築防之版則受土不堅是其索不勝任也故曰無任大汲則版必橈也

葺屋參分瓦屋四分

葺屋茅蓋屋也此言屋上瀉水之勢下簷去屋脊其斗峻之勢以三分爲率假如屋深九尺則簷低

於脊三尺若瓦屋則多一分以爲峻也

囷窌倉城逆牆六分

逆却也四者之牆皆六分其高而上綱其一謂下大而上稍小也囷圓爲之窌入地窖藏也皆收禾穀之所亦倉類也城辟也凡屋辟皆是也以其築土爲之故通謂之牆然窌在地中安得牆乎亦何以殺爲蓋窖藏雖掘地其上必有牆圍而後蓋蔽之也

堂涂十有二分

爾雅曰堂涂謂之陳注曰若今令甓械也今令甓甋

甎也裓音階爲堂之階以甗甎甃之十分之中必欲二分稍高則水瀉兩邊下也漢人名堂塗爲令甓裓故鄭氏舉以爲證今人堂前鋪砌爲龜背狀者亦此意也

竇其崇三尺

竇今涵溝也宮中之竇必崇三尺者欲其通水多也

牆厚三尺崇三之

凡牆之厚若有三尺則其高至九尺而止舉其大槩以爲準高厚可以是推也

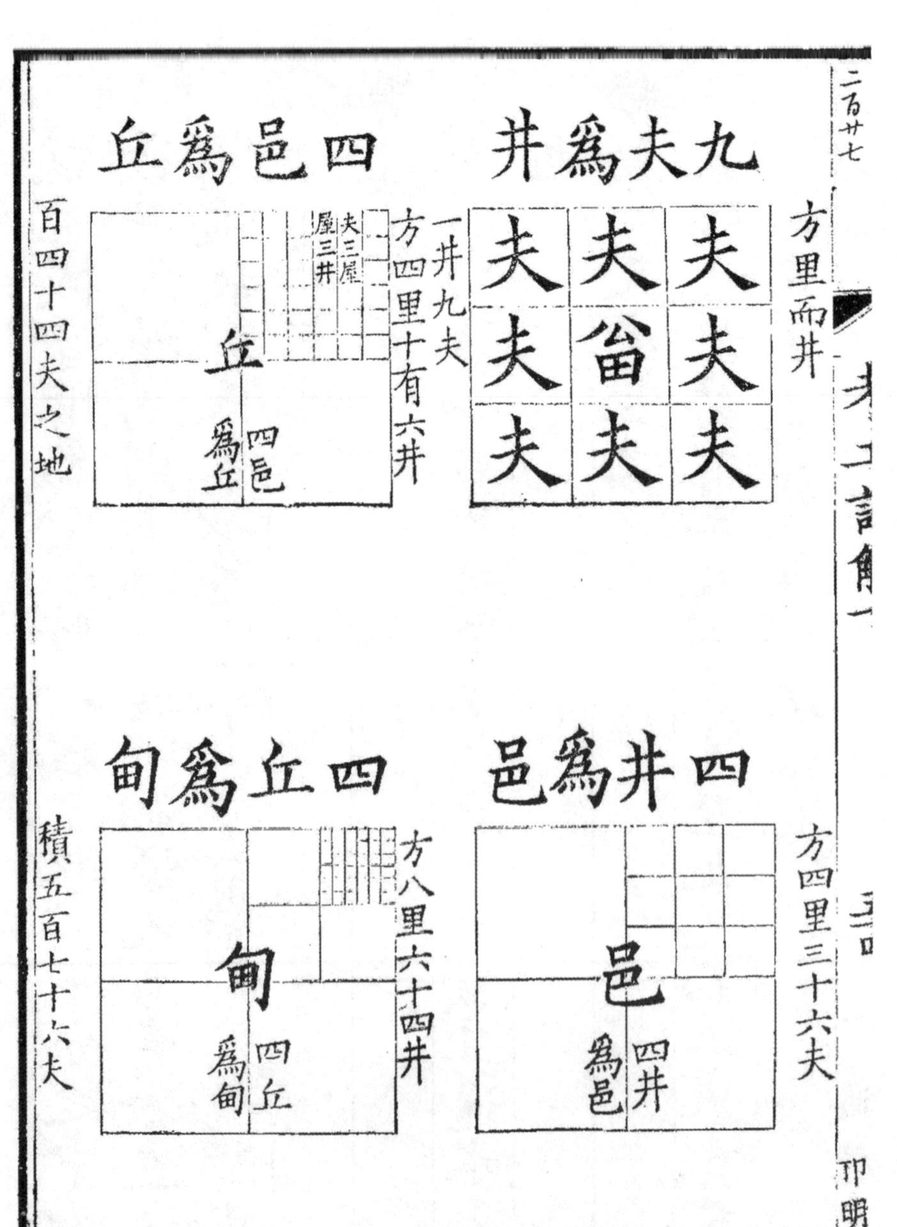
二百廿七
九夫爲井
方里而井
夫夫夫
夫公田夫
夫夫夫
四邑爲丘
一井九夫
方四里十有六井
夫三屋
屋三井
丘
四邑爲丘
百四十四夫之地
四井爲邑
方四里三十六夫
邑
四井爲邑
四丘爲甸
方八里六十四井
甸
四丘爲甸
積五百七十六夫
卯明

司馬有二法有甸方八里出長轂一乘又有成方千里出長轂一乘言甸者據出稅者而云成者據通治溝洫者

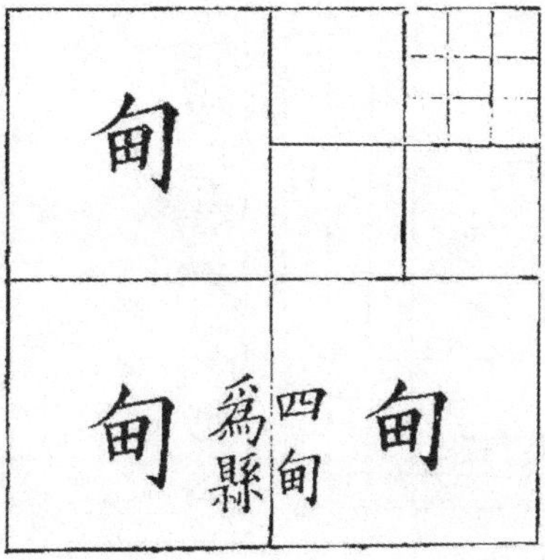

甸旁加一里爲一成

除四角

一里

井井

邑

甸五百七十公夫出軍賦

丘

旁加三百二十四夫以治溝洫

四甸爲縣

甸　甸　甸

四甸爲縣

四縣爲都

縣　縣　縣

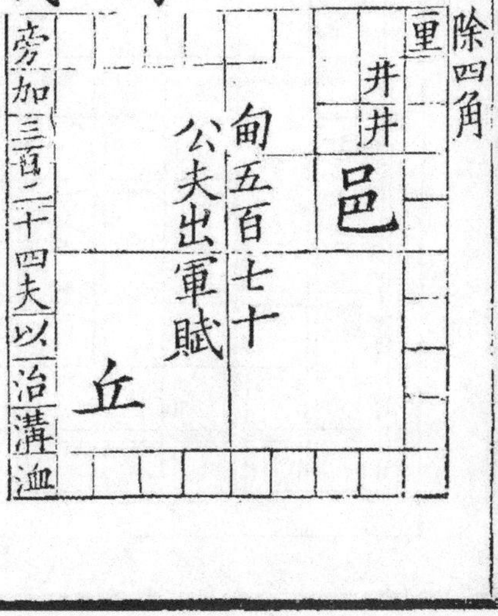

四縣爲都

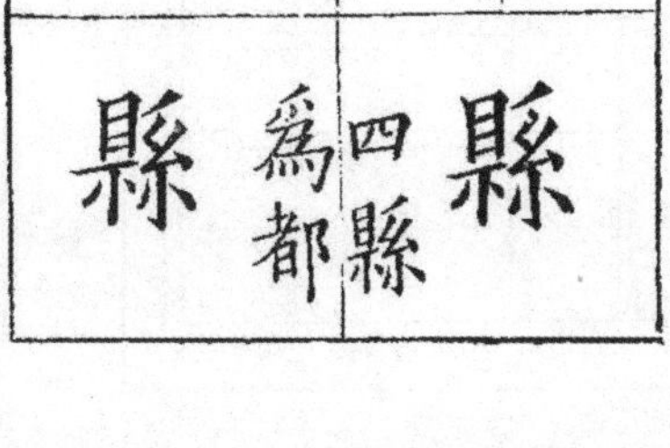

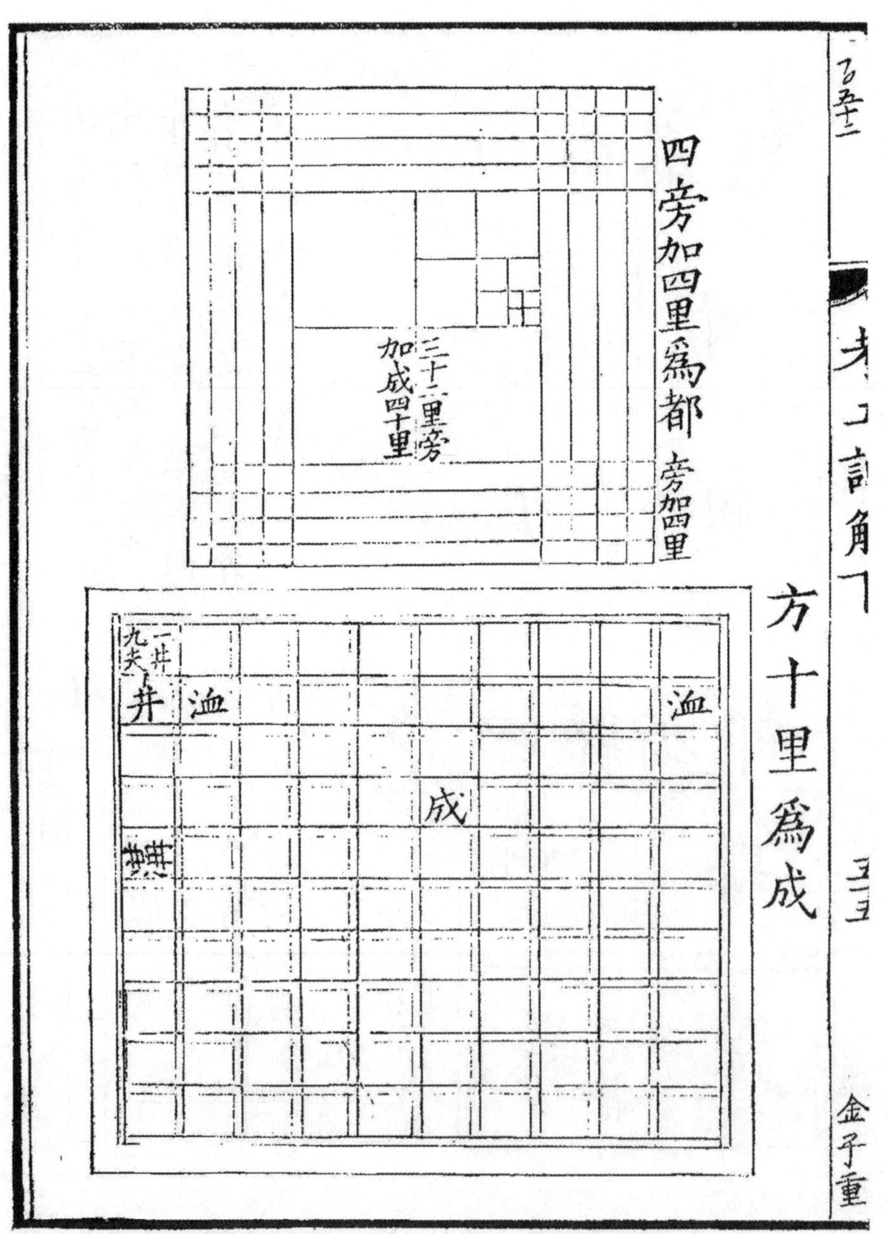
四旁加四里爲都
旁加四里
三十二里旁加成四十里
方十里爲成
一井九夫
井
洫
洫
成

四都爲同

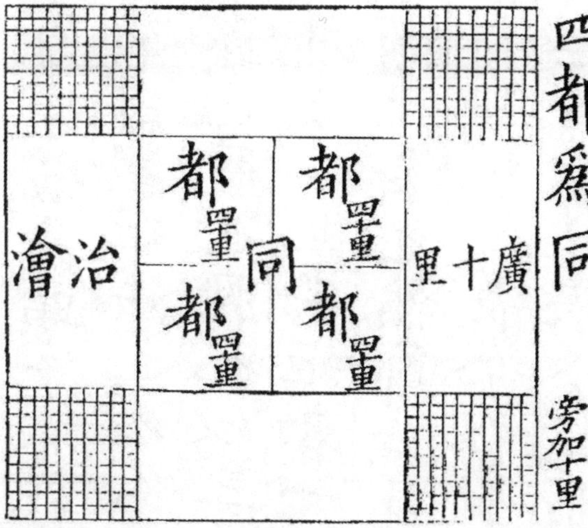

廣十里

旁加十里

都罿 都罿 同 都罿 都罿

治澮

方百里爲同

九百夫

同

九夫 澮

一成 九十夫 十里

澮

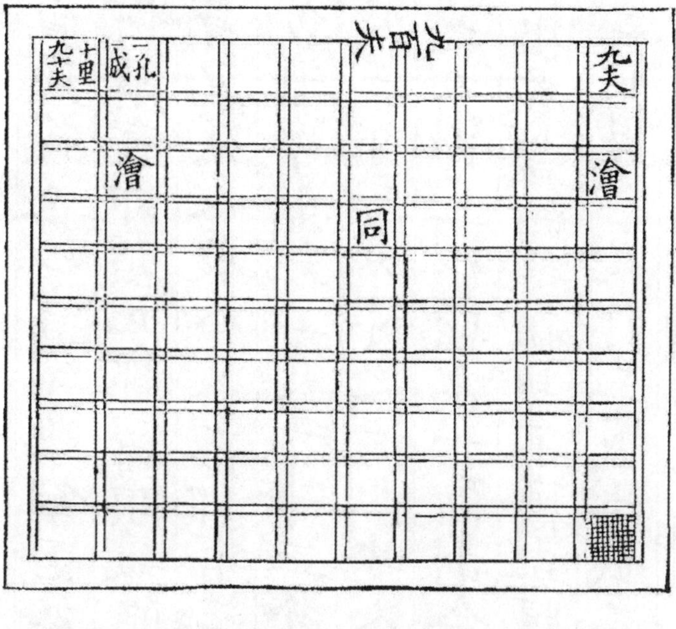

車人之事半矩謂之宣

宣人之頭也易巽爲宣髮後人以宣字難解因爲寡髮若論頭字亦如何解宣即頭也鄭曰頭髮皓落曰宣矩法也以人身爲法人長八尺大節有三頭也腹也脛也以三分通率則矩二尺六寸三分寸之二也半矩者一尺三寸三分寸之一也此人頭之長也然鄭云身之大節三以頭爲一節則合得一矩之長今乃半矩者蓋頭之在身不應與腹脛等鄭且舉全身而言只是八尺作三截上截二尺六寸三分寸之二其一半則爲頭也

一宣有半謂之欘

欘斵斤柄也以一宣尺三寸三分寸之一添六寸二分寸之二則欘有二尺也

一欘有半謂之柯

伐木之柯柄長三尺欘爲二尺添一尺則爲三尺也宣一尺三寸三分寸之二取半添之一尺得五寸餘三寸每寸爲三分得九分加前一分爲十分取半得五分以三分爲一寸共得六寸三分之一添宣一尺三寸三分寸之二則爲二尺

一柯有半謂之磬折

磬折者人立而俛其身也人長八尺俛其身則下截有四尺五寸也柯長三尺添一尺五寸是爲磬折四尺五寸也此注家之說皆因宣䰇之宣起義又欲湊合下章柯長三尺之文故如此解恐亦未安竊意古人之矩自有一定尺寸不待明言而人知之故但就矩推說宣欘柯磬折之長短今旣不知矩之長短乃因宣字而求之人身以八尺分三節亦無證據又安知一身不作四截分乎宣欘等名如曰賢曰軹皆如何解說若以文意推之畢竟此數句只是立尺寸之名以爲制作之度半矩則

爲宣又自宣而上凡有三皆尺寸之度也不然則幾尺幾寸爲矩古書有之而或脫漏也若如鄭說人身八尺俛其身爲磬折安知不四尺乎安知不四尺三四寸乎何以定其爲四尺五寸也

車人爲耒庛長尺有一寸

耒耕器也耒耜皆以木爲之易曰斲木爲耜揉木爲耒直而有斜勢在土者曰耒耒下前接者爲耜耒微曲故曰揉耜乃合成故曰斲耜之前接則爲耨以金刺土者也此曰庛鄭云音棘刺之刺其長尺有一寸此金爲之者鄭云耒下岐者漢人下金

有二也賈云古惟一岐今世亦然

中直者三尺有三寸上句者二尺有二寸

耒之制上句而下句上下皆微曲中間則直其直長三尺三寸也上句人所執處長二尺二寸下句則接耜也

自其庛緣其外以至於首以弦其內六尺有六寸與步相中也

自耒下之耜緣其外而上至耒之首其勢如弓之弦蓋上下微曲中間則直以繩張之如弦其內則如弓勢也其繩自首至下庛共六尺有六寸與人

之步相中六尺爲步此有六尺六寸則略相當也

相中者大約可以相當也

堅地欲直庛

其金直則有力可以犂硬地也

柔地欲句庛

軟土則其金欲句曲則易翻去也

直庛則利推

利推者可以用力也

句庛則利發

利發者可以翻起田土也

一百七十二

倨句磬折謂之中地

倨直處也句曲處也磬折其弦勢處也中地者於地則宜也中如字今浙人謂不可用者爲不中即此中字之義

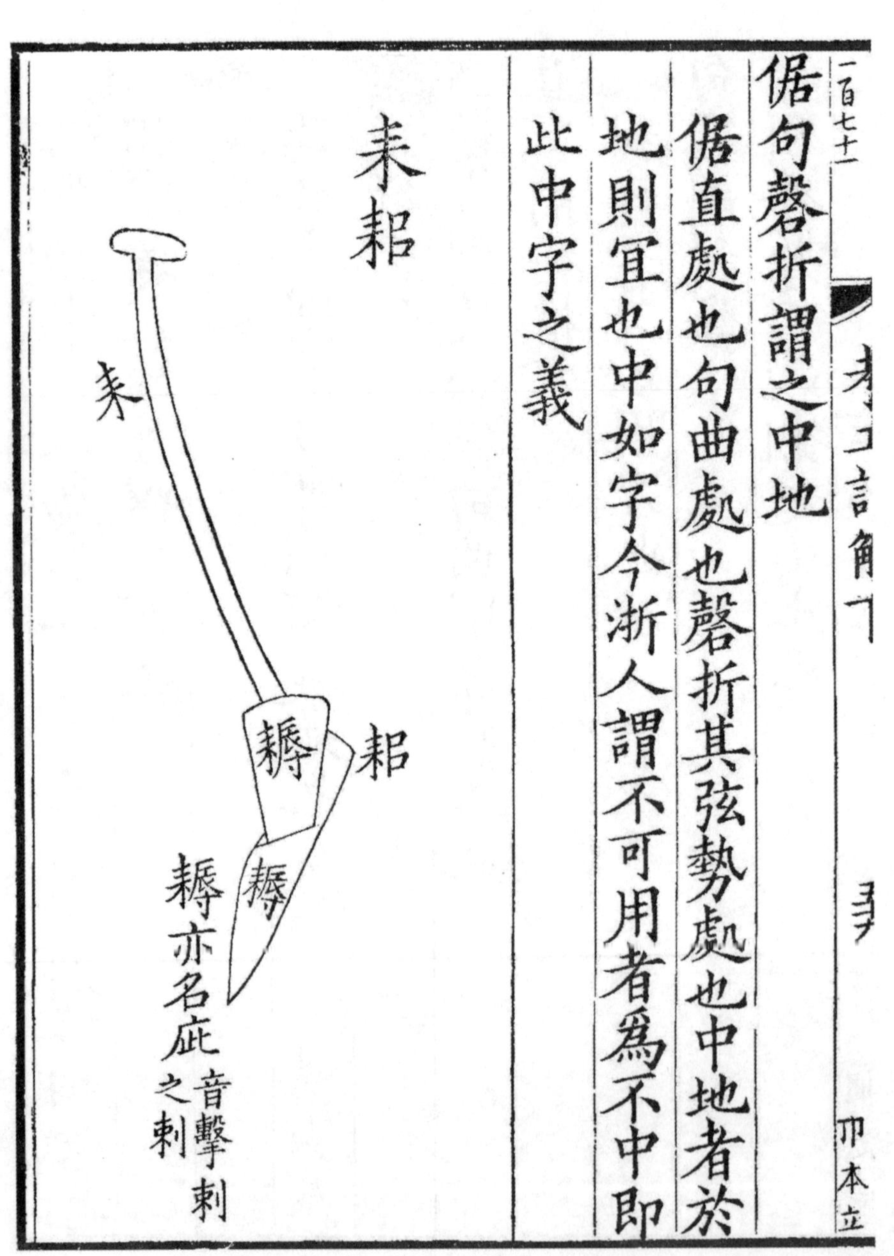

車人爲車

先言一柯之制而後及三車三車之尺寸自柯始說者曰柯斧柄也亦未必然且依注說宣欘柯磬折共有四名必如五量之名今無他證不可得而詳矣此柯長三尺所以前言半矩只得如此牽合以下及三尺之制也

柯長三尺博三寸厚一寸有半五分其長以其一爲之首

其長三尺而闊三寸其厚一寸半此柄之全體也以三尺而五分之只得六寸其首六寸必斧金也

造車必用斧因此而寓車之尺寸亦一說也

轂長半柯其圍一柯有半

此車人所造乃牛車柏車羊車與前言乘車兵車田車其制不同此轂之徑半柯者一尺五寸也長言徑也圍三徑一半柯之徑則有四尺五寸圍是其圍一柯有半也柯三尺半柯尺五寸共四尺五寸也

輻長一柯有半其博三寸厚三之一

輻長四尺五寸其博三寸而厚一寸三之一得博三之一也比乘車之輻爲長乘車之輻六尺六寸

此車之輻以上下言則其長九尺矣又有輪之壼
中是九尺以上矣
渠三柯者三
渠注云即牙也車輮也即牙輪是也每柯三尺三
柯九尺矣三个九尺則其牙輪之圍二丈七尺矣
此以上言大車也
行澤者欲短轂行山者欲長轂短轂則利長轂則安
大車行平地及行澤柏車則行山此言二車之轂
各不同也行澤閒沮洳之地則其轂必略短轂短
則壼中稍狹而無傾側之患也故曰利利者便也

若山中險阻不平之地則其轂欲稍長長則壼中稍寬可以轉旋而無拘礙也故曰安安者無損動也

行澤者反輮行山者仄輮反輮則易仄輮則完

輮者牙也牙者所以爲輪之固抱也此物乃揉木而爲之木之裏則滑木之表近皮則澁澤地沮洳恐泥黏則反揉其裏爲輪之外則滑而不黏泥也故曰易易者去泥易也山多砂石恐能損破之則因其表裏之常而轉側揉之以其表爲輪之外則近皮處堅澁可以不損故曰完也完者全也

全無損動也

六分其輪崇以其一爲之牙圍

此大車之輪也輪崇九尺有餘以爲六分則其牙圍有一尺五寸以上矣

柏車轂長一柯其圍二柯其輻一柯其渠二柯者三

柏車山行之車也轂長三尺其圍六尺長亦徑也若以圍三徑一言之則徑一柯其圍必三柯恐有誤字其輪一柯又短於大車之轂一尺五寸矣大車輻一柯有半即此一柯也渠牙也其二柯者三乃一丈八尺也二柯六尺三六則十八也

五分其輪崇以其一爲之牙圍

兩輻相對六尺轂空壺中在外則輪崇六尺有餘注謂併壺中而爲六尺以六尺爲五分得一尺二寸是柏車之牙圍有一尺二寸也

大車崇三柯

此言輪崇也三柯九尺大車之輪崇九尺有餘而但以上下兩輻相對言則柯三九尺而已每輻皆長一柯有半兩輻相對則爲三柯其轂之壺中豈無尺寸此可以意明之也記者言成數而已

綆寸

綆者牙輪上之箄也在輪之四面外其闊一寸則堅固也

牝服二柯有參分柯之二

牝服車箱也人立處也一柯三尺三分柯之二即二尺也有者又也二柯六尺又加二尺則爲八尺是車箱之長八尺又云牝服較也較則在式之上亦謂之平鬲前圖已有之

羊車二柯有參分柯之一

不言何物二柯以其繼於牝服之下則所言必牝服也是羊車之車箱亦長七尺也

柏車二柯

亦以其繼於牝服之下則知亦言車箱而已柏車之車箱只長六尺又短於羊車此處文疑有脫誤且依注說艾軒云大車既言三柯而大車崇三柯數句又在於柏車之後其文斷斷續續自然奇古

凡爲轐

乘車兵車田車則曰輈此三車則曰轐名異而制同

三其輪崇參分其長二在前一在後以鑿其鉤

三車之輪其崇各異隨其高下而爲之轐假如輪

崇九尺則輈亦九尺以九尺之輈而三分之二分在前稍爲鉤曲一分在後則入於車箱之下鉤者輈之鉤心也於二分之下一分之上就中而鑿之以鉤車箱也

徹廣六尺

徹軌也城門之軌即此徹也乘車之徹八尺此車只六尺者乘車六馬在前故徹廣此車牛在前故徹稍窄

鬲長六尺

鬲字注家以爲輈之端壓牛領上者如此則爲軛

也其輈長六尺在於牛領之上必與乘車輈於馬者不同南人不識車只依注疏之言想像而已

弓人爲弓

三十官之中自輪人而下除旣闕之外獨此弓人爲最詳蓋弓之用甚大古人以射御書數並言之不特兵家所用也故其言之詳如此

取六材必以其時六材旣聚巧者和之

六材者幹角筋膠絲漆也六材旣聚必有巧者然後能調適而用之故曰和

幹也者以爲遠也

幹者弓之材也幹之才善則其射可遠

角也者以爲疾也

角善則弓去速也

筋也者以爲深也

筋束縛之則深固也非淺深之深

膠也者以爲和也

和者欲得其宜也

絲也者以爲固也

固欲其不壞也

漆也者以爲受霜露也

受霜露則易壞故漆必欲其盡善也
凡取幹之道七柘爲上檍次之檿桑次之橘次之木瓜次之荆次之竹爲下
柘桑柘之木也檍音益今人不知此木檿音掩檿桑註曰山桑也國語曰檿弧是也今人亦用桑木唐太宗論弓亦曰木心正其理邪者不可射此言竹爲下則竹亦在可用之類但不如上六者爾恐此竹如今所謂柴竹之類
凡相幹欲赤黑而陽聲赤黑則鄉心陽聲則遠根
赤黑之色則不嫩也鄉心不近皮也陽聲則清逝

根則老其聲必不清叩之而清必不老也

凡析幹射遠者用埶射深者用直

埶者木之形勢有微曲者因其性而用之則其射去必遠木之埶直則其去有力射而中物必深析者分別之也分別其曲直而用之各有宜也

居幹之道菑栗不迆則弓不發

居處也處事曰處處幹即爲幹之道也田一歲曰菑初鋤掘之也栗音裂裂破裂也菑栗者剖削破裂之也迆邪也　幹而紋理正直不邪迆則弓可久用而不發也發起也有起發則爲

揁動也

凡相角秋閷者厚春閷者薄

閷殺也秋時殺牛則其角厚春時殺牛則其角薄

秋氣斂揫角則堅實也

稺牛之角直而澤

牛尚少則其角滋澤而紋理直

老牛之角紾而昔

紾者絞纏(去聲)之紋也錯雜亂也牛老則其角有絞縳之狀而紋理錯亂也鄭云紾音如紾縳之紾漢方言也紾徒展反縳徒轉反此漢語今亦不可曉

矣其意蓋以角之文如絞縛而理麤其文錯然則不潤澤也韻書云紾轉繩也音診若依韻書讀尤易通

疢疾險中

險傷也疢久也牛有久病則角之中必傷動不可用也

瘠牛之角無澤

牛瘠則血少角不滋潤也

角欲青白而豐末

其色青白則角之善者也豐末者角之末豐大不

尖小也以下節三者觀之凡善角其本必白其中必青其末必大也

夫角之本蹙於刲而休於氣是故柔柔故欲其埶也白也者埶之徵也

刲腦也牛頂之腦也蹙近也休音煦義同其角之下本近於腦而生氣煦之故其角柔和自然有曲埶埶者曲勢也其角也若白則自然有曲勢故曰徵言驗其色可知其勢也

夫角之中恒當弓之畏畏也者必橈橈故欲其堅也青也者堅之徵也

畏與隈同謂曲隈處也角之中央其用於弓也常
左[illegible]曲隈處隈處張時必橈動也若不堅則易折
故欲其色青驗其色青則知其必堅固雖橈而不
傷也
夫角之末遠於腦而不休於氣是故脃脃故欲其柔
也豐末也者柔之徵也
角之末上去牛腦既遠生氣之煦所不及則多脆
弱若其末尖小則脆而不柔不柔則易折其末既
豐大則柔而不脆故可用也此以上言相角之法
也

角長二尺有五寸三色不失理謂之牛戴牛

二尺有五寸則大牛之角也三色者本必白中必青末必豐不失其常理則此角之直可如一牛故曰牛戴牛言其所戴之角又有一牛之用也此一句下得奇古

凡相膠欲朱色而昔昔也者深瑕而澤紾而摶廉

朱色者惟牛膠火赤也昔文理交錯也瑕廉利也疏云廉瑕二者皆嚴利之狀也瑕廉雖深而潤澤則不燥也紾與縝同文理縝密而其角摶圓又廉利則角之善者也瑕與紾者皆因其文之交錯而

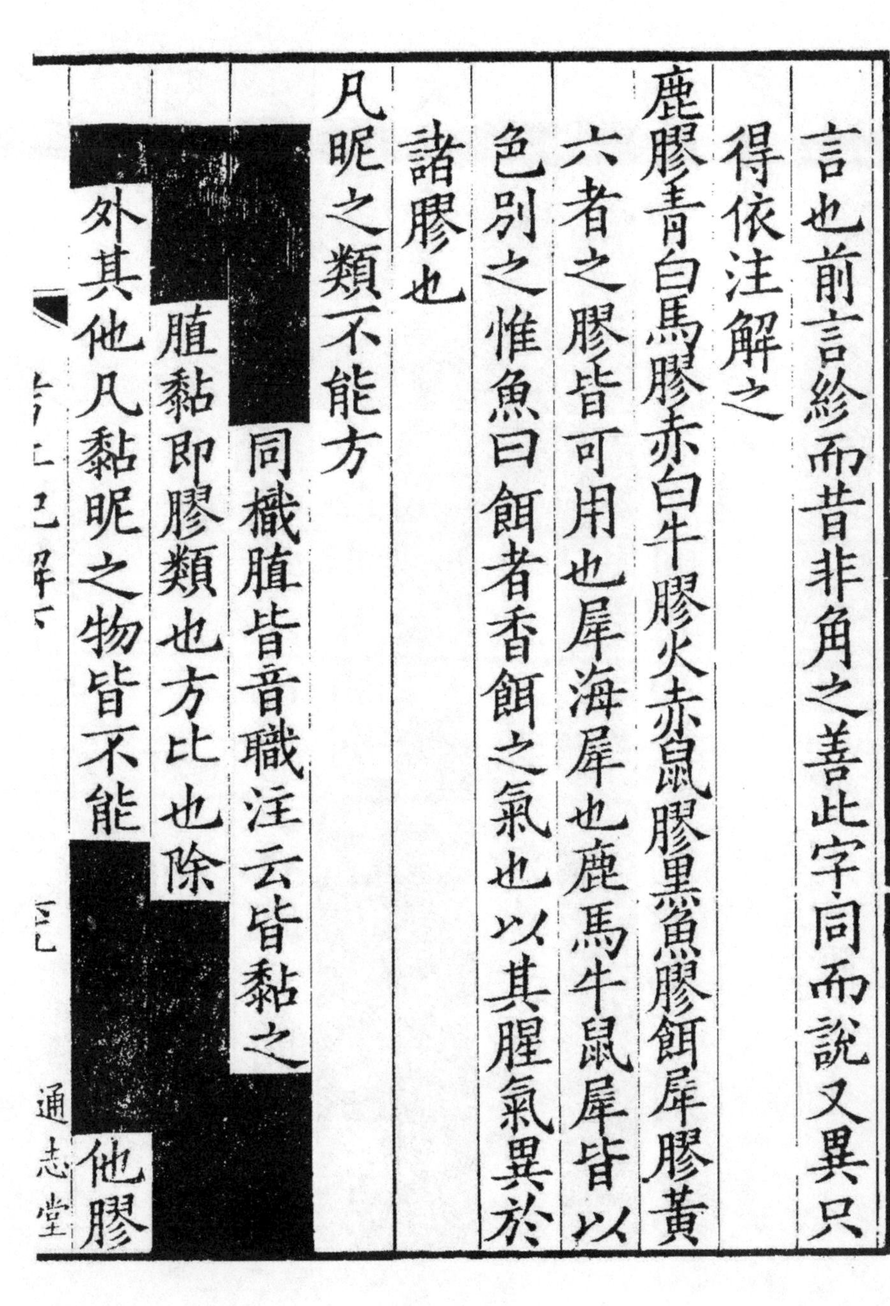
言也前言紾而昔非角之善此字同而説又異只得依注解之

鹿膠青白馬膠赤白牛膠火赤鼠膠黒魚膠餌犀膠黄

六者之膠皆可用也犀海犀也鹿馬牛鼠犀皆以色別之惟魚曰餌者香餌之氣也以其腥氣異於諸膠也

凡昵之類不能方

同樴膱皆音職注云皆黏之

膱黏即膠類也方比也除他膠外其他凡黏昵之物皆不能

不可用也

凡相筋欲小簡而長欲其小而脩長也疏云簡筋條亦有簡別

大結而澤紏結以其潤澤也大而不可紏

小簡而長大結而澤則其爲獸必剽以爲弓則豈異於其獸而澤則此獸之生也必

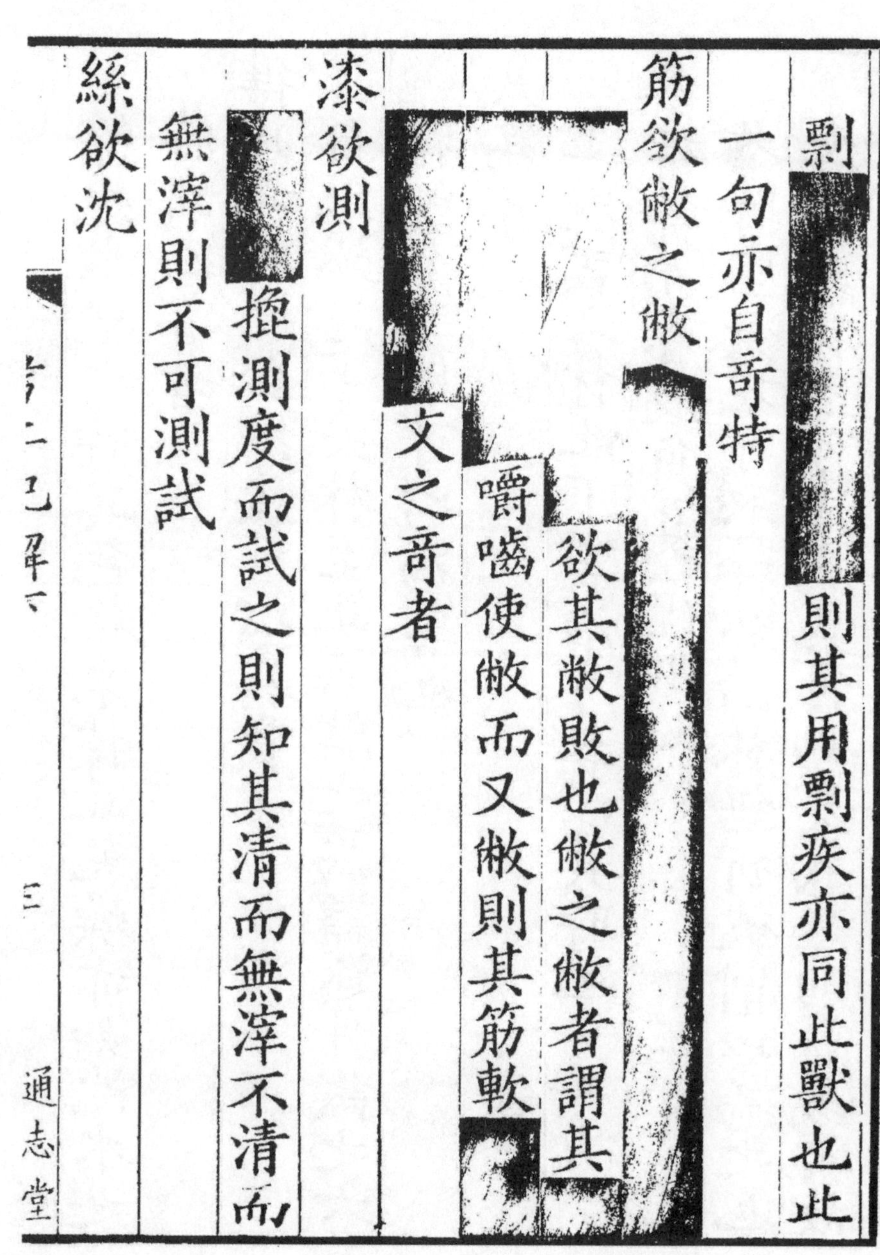
剽　則其用剽疾亦同此獸也此

一句亦自奇特

筋欲敝之敝　欲其敝敗也敝之敝者謂其嚼齧使敝而又敝則其筋軟

文之奇者

漆欲測　搥測度而試之則知其清而無滓不清而無滓則不可測試

絲欲沈

絲沈水中之時其色精采據此乾燥亦如沈水之時則爲善者

得此六材之全然後可以爲良

自取幹起言六材至此而結之焉謂逐件試之六材旣全美則可以爲善也

凡爲弓

上旣言六材此下言治弓各以其時也

冬析幹而春液角夏治筋

冬時堅凝方可取幹於山林鋸析破削以爲之也春氣融和則可漬液其角也夏氣熱則筋易柔故

以治之

秋合三材

三材既備至秋方合而爲之也

寒奠體

奠讀爲定冬膠既堅其弓已成納之弓檠之中以

定其往來之體不可移動也

冰析濬

濬漆也冰寒凝之時辨析其漆雖其乾稍遲而漆

愈老則堅固也

冬析幹則易

此下又逐句發明也易者平易也冬植物性實則

易光滑也

春液角則合

合猶洽也角潤之時漬液之則浹洽也

夏治筋則不煩

夏筋柔濕治之則不煩勞而易熟也

秋合三材則合

秋爲弓則其三材相合而堅固也

寒奠體則張不流

弓旣成而納之檠中天時方寒勁其體勢旣定則

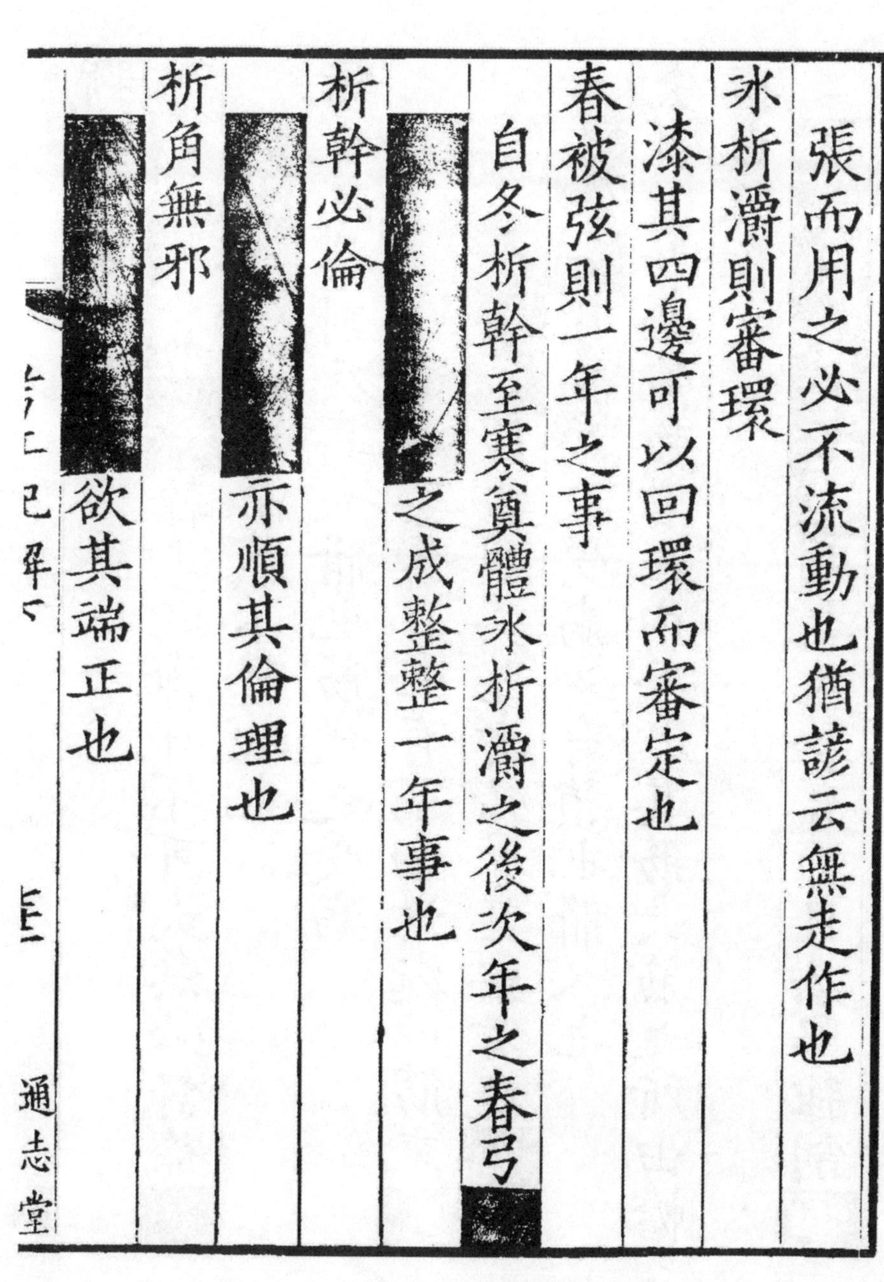

張而用之必不流動也猶諺云無走作也

冰析濬則審環

漆其四邊可以回環而審定也

春被弦則一年之事

自冬析幹至寒奠體冰析濬之後次年之春弓之成整整一年事也

析幹必倫

亦順其倫理也

析角無邪

欲其端正也

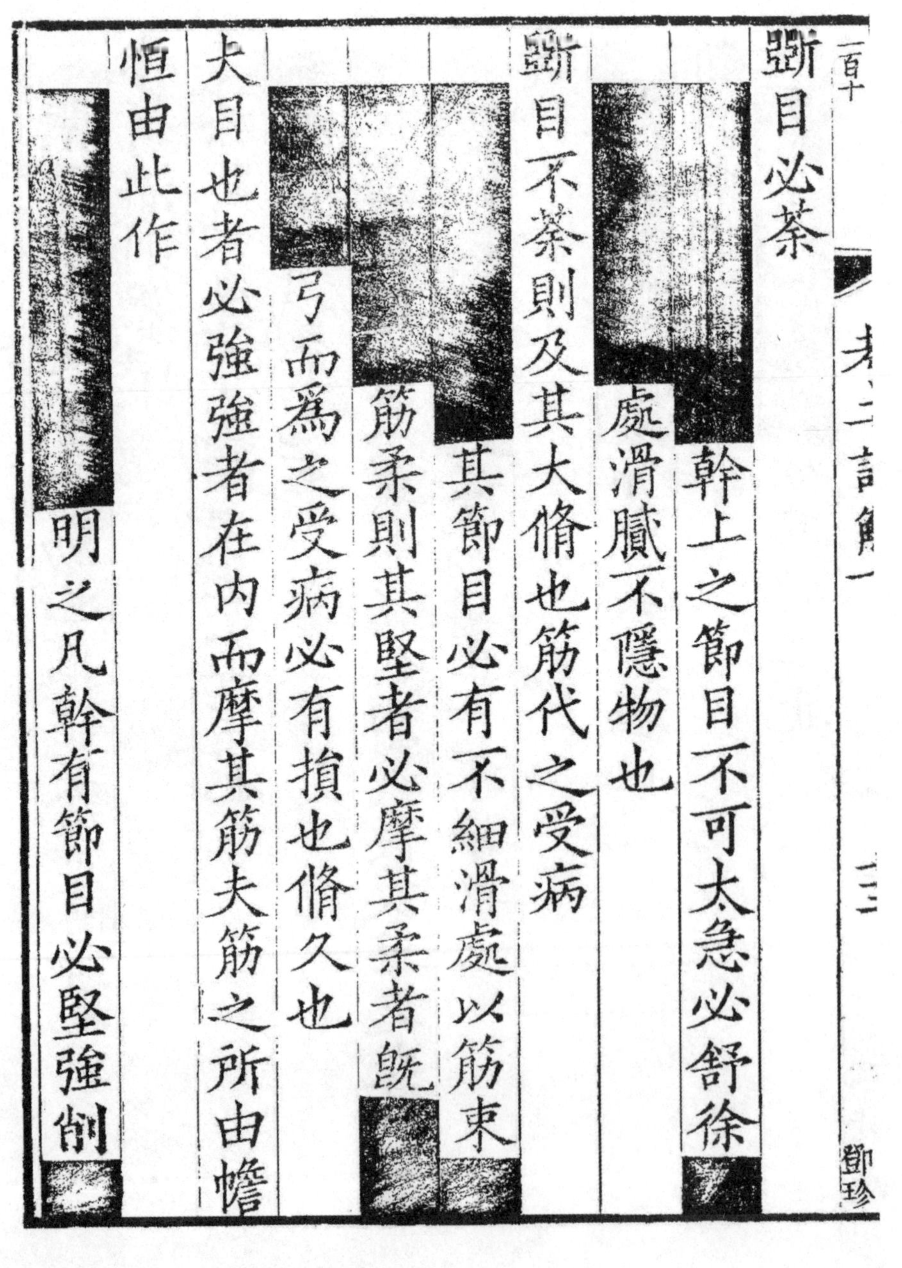

一百十

𩨨目必荼

幹上之節目不可太急必舒徐處滑膩不隱物也

𩨨目不荼則及其大脩也筋代之受病

其節目必有不細滑處以筋束筋柔則其堅者必摩其柔者旣弓而爲之受病必有損也脩久也

夫目也者必强强者在内而摩其筋夫筋之所由幨恒由此作

明之凡幹有節目必堅强刺

以筋束之其堅者在筋之内摩動則必絕起矣筋之所以非常因目摩之而然也幨音之其筋絕起則如車之幨然此幨字亦必當時之語謂絕起爲幨非記者以車幨比之而下此字也

故角三液而幹再液

幹與角皆用水漬液但幹止兩次而角必三次也

厚其帤則木堅

帤讀爲襦注云弓裨也弓幹雖用全木必有裨助

之者如衣有襦絮也其裨助者厚則其幹木愈堅

薄其帤則需

需愞懦也其裨助者薄則幹木易弱也視之亦不肥滿故注云不充滿也

是故厚其液而節其帤

厚多也其角之液必多其幹木之帤必節適得宜此一句結上文之意也

約之不皆約疏數必侔

一弓之中有纏縛處有不纏縛處雖約而不皆約也其約處亦有疏數隨其宜而約之必使侔等也

侔則無厚薄也

斲摯必中

斲削也摯致也致力而脩治也斲摯其幹必使得中也

膠之必均

弓之用膠必有均節也䟽云自此以下皆言弓之隈裏施膠之事

斲摯不中膠之不均則及其大脩也角代之受病

大脩甚久若斲摯不得中用膠不均節則角常代一弓之材而先受害也

夫懷膠於內而摩其角夫角之所由挫恒由此作膠在角內若有厚薄則角必爲之摩動角被摩動則必挫折角之蹴折常常因此而起也作起也

凡居角長者以次需

需音須角長二尺五寸爲善則造弓之工必以次需而用之需求也注云長者當弓之隈短者居簫長短各稱其幹隈弓之隈曲處簫弓兩頭也

恒角而短是謂逆橈引之則縱釋之則不校

恒音緪竟也竟角而短者謂充滿弓之淵幹而不及兩端則橈其弓而勢必逆撓弓角短欲引此弓

則其角縱而不受力施放而去則不能校疾釋施
放而射之校音絞疾也
恒角而達譬如終紲非弓之利也
竟其角而充滿淵幹之兩旁又達過於簫頭是角太長也角既過長則引發之時譬如此弓長在紲中放不去也紲弓韣也詩云竹韣緄縢是也乃藏弓之物也
今夫茭解中有變焉故校
茭音繳解音改茭解者弓隈與弓簫用角接處也變異也謂弓簫與臂用力異也異者人引之而臂

中用力其放矢則簫用力二者之力異而同用則發去必絞疾也校音絞今夫者別起義端而發明角不可長之意

於挺臂中有柎焉故剽

挺直也直臂中乃弓之把處也柎者弓之把處兩畔有側骨側骨堅強則助弓爲力故發矢則剽疾也側骨者把處兩邊貼以木也

恒角而達引如終紲非弓之利

茭解中之用力異挺中之有柎皆人用力處若角長過於簫則人用力而弓違之引放之則如終年

在弓紲之上爲所牽制而不可用此非弓之利也終泄非弓之利凡再言之也所以深發明此意也艾軒云如賢哉回也上下兩言之兼此一段言角短者只四句角長者却如此紬繹正作文之妙也注家看不出乃以引如終紲引字爲誤合作譬字未盡古文法也

橋幹欲孰於火而無嬴孰與熟同

嬴音盈過多也撟矯也矯揉其幹雖欲火之至熟而又不可過熟於火

撟角欲孰於火而無燂

燂炙爛也矯揉其角亦欲熟又不可至於炙爛也

引筋欲盡而無傷其力

筋以縛束之牽引必盡者欲其緊也又不可至於傷損損則無力也

鬻膠欲孰而水火相得

烹者煮其膠亦欲其熟水不可過多火不可過猛

然則居旱亦不動居濕亦不動

旱乾則燻雨濕則解音害幹角筋膠用火盡善如此則弓在燥濕皆不傷動也然則者如此也居者在也

苟有賤工必因角幹之濕以爲之柔

因角幹之濕者謂其用火未熟也未熟則幹角外雖乾而內猶濕即矯揉而用之以此爲柔而易揉也

善者在外動者在內雖善於外必動於內雖善亦弗可以爲良矣

善在外謂其皮乾也動在內者裏未熟也外雖乾而易損動者在內雖弓成亦若盡善而用之必易敗故曰弗可以爲良言非良弓也

凡爲弓方其峻而高其柎

峻者弓之簫頭也柎者弓之中手把處也簫頭必方手把處必高

長其畏而薄其敝

畏者弓之曲隈處也必須稍長敝與蔽同手把處有物蔽之不可太厚故欲其薄

宛之無已應

宛者引而放之也峻方柎高畏長敝薄則[illegible]引而應其應無已謂其愈射愈好也謂其便利也

下柎之弓末應將興

此言不便利者弓之柎處若下而不高則簫頭每

引而起興者起也弓隈末應而簫頭先應則用之不便利也

爲柎而發必動於䋄弓而羽䋄末應將發

此十六字又發明上八字也謂弓之簫頭爲柎不高而先發則於弓之接中處必有傷動䋄者弓之接中也弓之接中若有傷動則必有緩弱之病接中既緩弱所以引之則簫頭常先應而發也䋄音隆殺之殺羽音扈羽緩也末簫頭也上言將興此言將發發亦興也

弓有六材焉

六材巳具上解

維幹強之張如流水

六材之中維幹堅強則弓之弛張也如流水然言其順瀏也

維體防之引之中參

弓之全體納之弓檠之中常爲憂護則弓身完好引而張之則其弦五尺張之可得丈五故曰引之中參防憂護也引張也中參者一分之長張而有三倍也

維角党之欲宛而無負弦

𣥺與撐同𣥺正也宛引也角既正則引之與弦不
相背故曰欲宛而無負弦也

引之如環

張引其弓則如環然即前中參之意

釋之無失

釋放也既張而放亦不失其常也

體如環

前言引之如環者張開時也此言體如環既弛之
後弓之全體反轉如環也弓有六材此只言角與
幹者以其受重者言之也故筋絲膠漆不及焉

材美工巧爲之時謂之參均

其材旣美其工又巧而爲之又得其時三者皆善也故曰三均均者皆相若也爲之時者冬幹夏角之類

角不勝幹幹不勝筋謂之參均

不勝者不能相過也角幹筋三者皆善亦曰三均

量其力有三均均者三謂之九和

量三材之力件件有三均則爲九故曰三均者三此謂角之材美工巧爲之得時幹亦材美工巧爲之得時筋亦材美工巧爲之得時也有此九者則

爲九和和亦均也工匠之人隨其材有巧拙或能於此而不能於彼必件件皆工則可故每件皆欲三均也

九和之弓角與幹權筋三侔膠三鋝絲三邸漆三斞角與幹權者亦角不勝幹之意權亦均也此不言筋者承上文而足其意故不重出也侔等也鋝鍰也皆稱量之名邸與斞未知何義注曰未聞然以意推之亦皆言其輕重之則

上工以有餘下工以不足

工有巧拙故曰上下言工之巧者即此數物用之

而有餘若拙工爲之則六材雖具但見其不足蓋用之不得宜也

爲天子之弓合九而成規爲諸侯之弓合七而成規大夫之弓合五而成規士之弓合三而成規

規圓也此言角弓既弛之時天子弓直合九弓而後成規合七者則稍曲矣合五者又曲矣至於合三則曲甚矣據此所言又與體如環之說稍異未知古制果如何也注云材良則句少如此則天子之弓雖既弛之時直而不句用之則自順蓋其材柔和也天子諸侯大夫士分爲四等特以弓之美

惡而爲次第耳

弓長六尺有六寸謂之上制上士服之弓長六尺有三寸謂之中制中士服之弓長六尺謂之下制下士服之

上制中制下制隨人身之長短非禮制也上士中士下士非命士也士有上中下者以其身材長短而言也

凡爲弓各因其君之躬志慮血氣

志慮在心者血氣見諸舉動者制弓而隨人之身可也今欲隨其性之緩急而分之此古人之事

其意未可曉今無此法

豐肉而短寬緩以荼若是者爲之危弓危弓爲之安矢

豐肉肥也肥而短者其性又寬緩舒遲故爲危弓而用之危者急速也危弓而用安矢以濟之安者舒緩也

骨直以立忿埶以奔若是者爲之安弓安弓爲之危矢

骨立瘦也直者長之貌也忿埶忿怒而使威埶也奔者性急也瘦而性急則爲舒緩之弓而用之安

舒緩也弓既安則以危矢濟之危亦急速也弓有緩急可也而矢亦有緩急此皆古法也今無之

其人安其弓安其矢安則莫能以速中且不深

此言人與弓矢俱舒緩則射之不急速其中物亦不深

其人危其弓危其矢危則莫能以愿中

此言人與弓矢俱急則射之其去雖速其不能以必中愿者誠慤也信也信則必之意也

往體多來體寡謂之夾臾之屬利射侯與弋

往者弛放時也來者張開時也夾臾弓名也往體

多者弛時直也來體寡者張時甚曲也此弓必勁
故可射椄䳓之侯而弋鳥雀也
往體寡來體多謂之王弓之屬利射革與質
往體寡者弛時曲也來體多張時弦長也此弓
性不勁只可射革與質而已前所謂熊皮白質
之類也
往體來體若一謂之唐弓之屬利射深
張弛之時其鉤曲之體相似則是不勁不緩得中
者其射之中必深故曰利射深
大和無濬

大和者前所爲九和是也其體調適故不用漆也

其次筋角皆有濟而深

用筋角皆有漆而深者漆在背筋隈角之中而邊不漆也

其次有濟而疏

言背與隈皆有漆而間用之不皆漆也故曰疏

其次角無濟

角之在隈者不漆而他處皆漆也以上弓有四等此制作之精粗也

合濟若背手文

漆之合者謂弓表裏有漆處也其文皆如人之手背言用漆之善也

角環灂

弓之隈角處其漆文皆如環之周旋亦言漆之盡善也

牛筋蕡灂

弓用牛筋纏束則筋上之漆其文如麻子蕡麻子也麻子殼上有細文

麋筋斥蠖灂

弓用麋筋則筋上之漆其文如斥蠖蠖者屈蟲

也屈蟲身上有細縮紋易作尺斥與尺同

和弓轂摩

和弓調和其弓也轂者扣擊而試之也摩擦摩也此言造弓之時摩之試之欲其調和也前言聲清者遠筋擊試之類也

覆之而角至謂之句弓

注云覆察也句弓敝弓也角至角善也弓以角幹筋三者爲之弓之敝者覆察之只角爲善而幹與筋不善則只可爲射革與質之用矣

覆之而幹至謂之侯弓

侯弓者前所謂夾臾利射侯者此弓覆察之角旣善幹又善是三者得其二矣此可用之弓也

覆之而筋至謂之深弓

深弓利射深者前所謂唐弓是也覆察之角善矣幹善矣而筋又善三者皆備則爲良弓也至善也

三至字訓善三覆字訓察此據注疏家所云但以意揣之恐亦未必爲至當之說以侯弓爲射侯與弋之弓以句弓爲射革與質之弓亦是牽強湊合竊恐此三句乃言架弓之時前言寒奠體是弓

方成時冬月且藏之以俟其定如今人焙中也此乃覆而架之如今教塲中弓架也弓在架則目前可見故以所見之勢論之角乃弓之隈覆而在架角至於架則弓勢直是來體寡也此爲句弓幹在簫之下角之上覆之而幹至於架則弓勢曲是往體多也此爲侯弓筋者纏束處也在隈之上幹之下覆之而筋至於架則弓勢不曲不直是往來體均也此爲深弓深弓可以射深侯弓可以射革質句弓則可以射侯與弋也不必以侯弓字爲射侯與弋之侯則自爲拘礙矣若爲進士業只得

依注家說此又求其至當之義庶覆至三字可通艾軒先生於末應將興數句亦有疑焉但曰他日遇良匠問之亦未敢以注爲信也艾軒又云此書文字極好古人制作箋注亦多有不通處若論文字無有與考工記比者

弓人

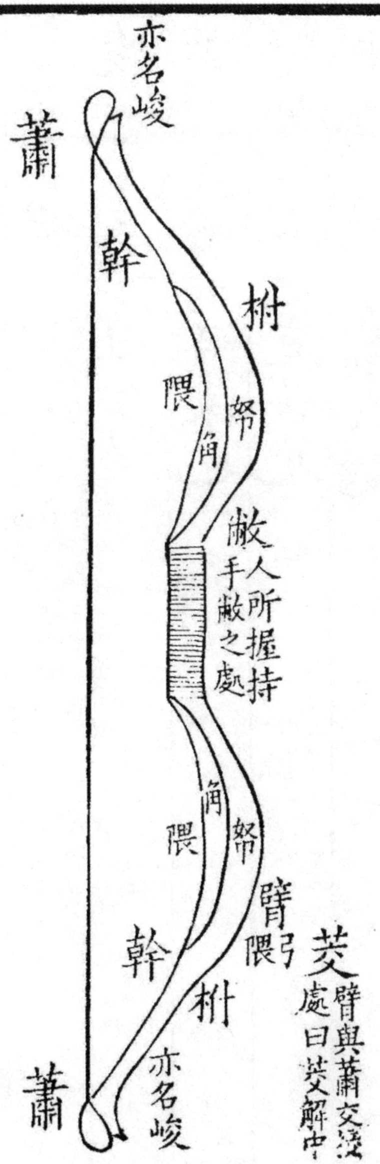

亦名峻
蕭
幹
柎
隈
峁
角
敝
人所握持手敝之處
角
隈
峁
臂
隈弓
幹
柎
茭
臂與蕭交從處曰茭文解中
蕭
亦名峻

角　在隈處

隈　上隈下隈左右隈畏與隈同在柎上下兩處弓

之淵深處以左手横執其弓則上隈向右下隈向左

柎　手把也此弓兩邊抵手曰柎注曰側骨

側骨　角弓於把處兩畔有側骨骨堅強所以爲弓亦曰柎

峻　弓末亦曰蕭

蕭　與峻同弓末也

挺臂　弓之直臂也

敝　所握手蔽之處

緺　音殺接中也亦曰茭解蕭與隈交接處曰茭解

也

帤 弓幹雖用整木仍於幹上裨之故曰帤帤補弓物如布類

紲 竹鞑緄縢藏弓者别作一片竹向上札以助弓只短在弓隈間不滿兩頭

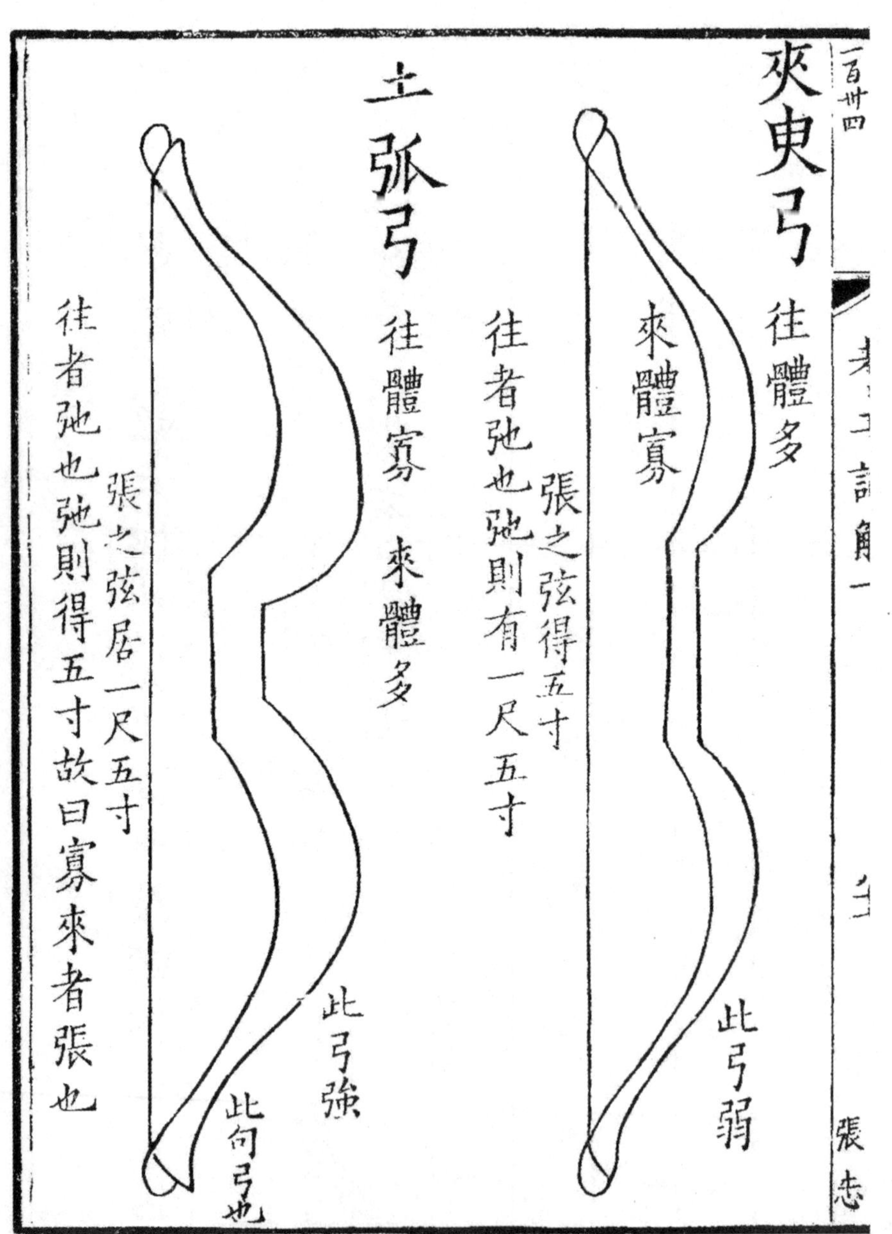
一百卅四
考工記解
夾臾弓
往體多
來體寡
張之弦得五寸
往者弛也弛則有一尺五寸
此弓弱
王弧弓
往體寡
來體多
張之弦居一尺五寸
往者弛也弛則得五寸故曰寡來者張也
此弓強
此句弓也
張志

深弓覆之而筋至

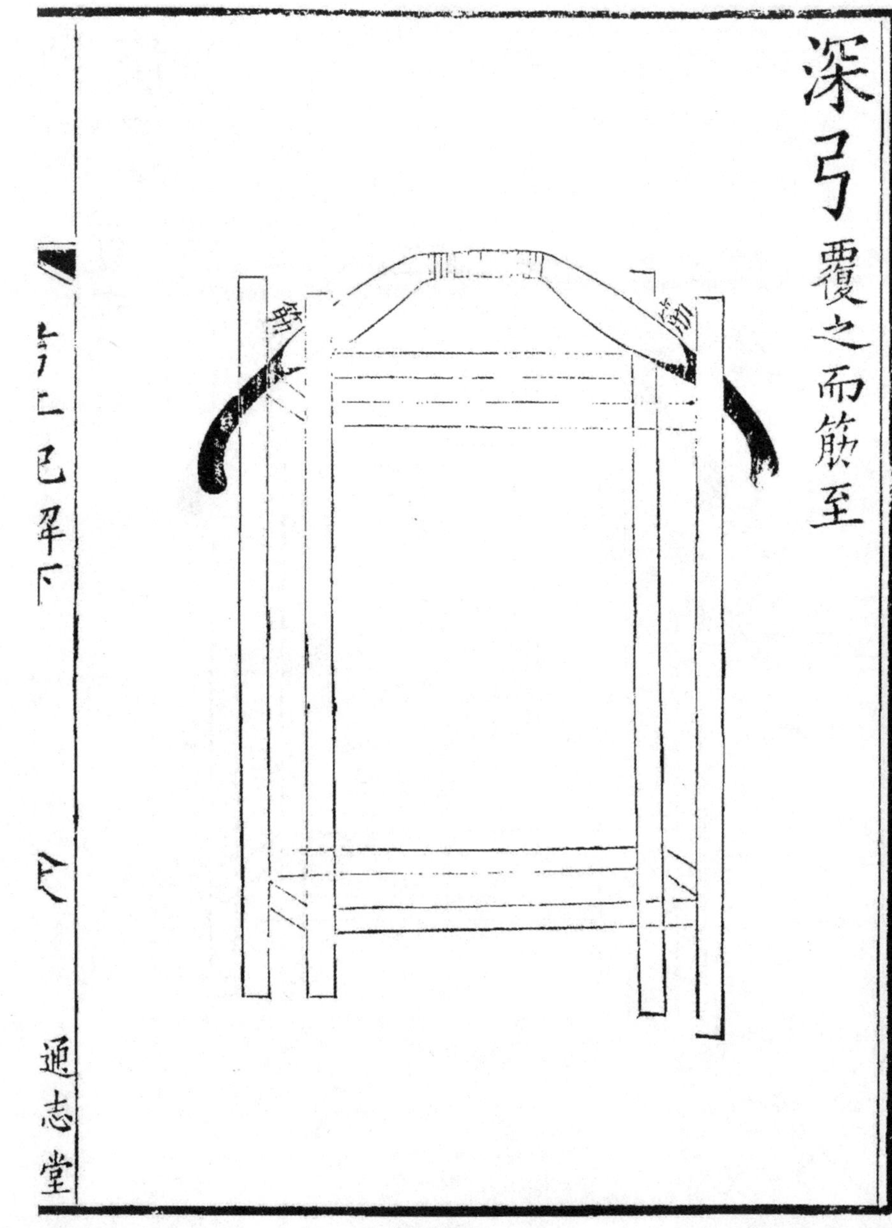

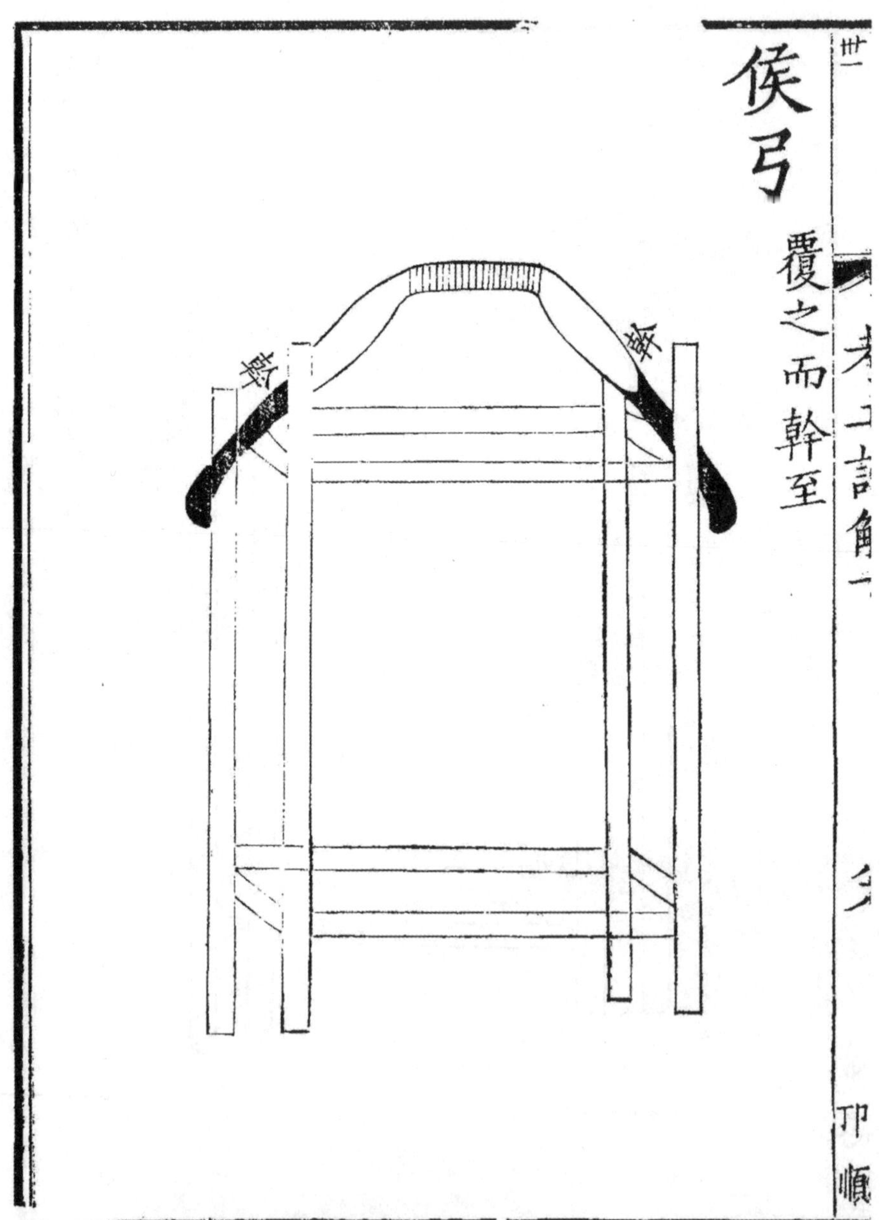

侯弓

覆之而幹至

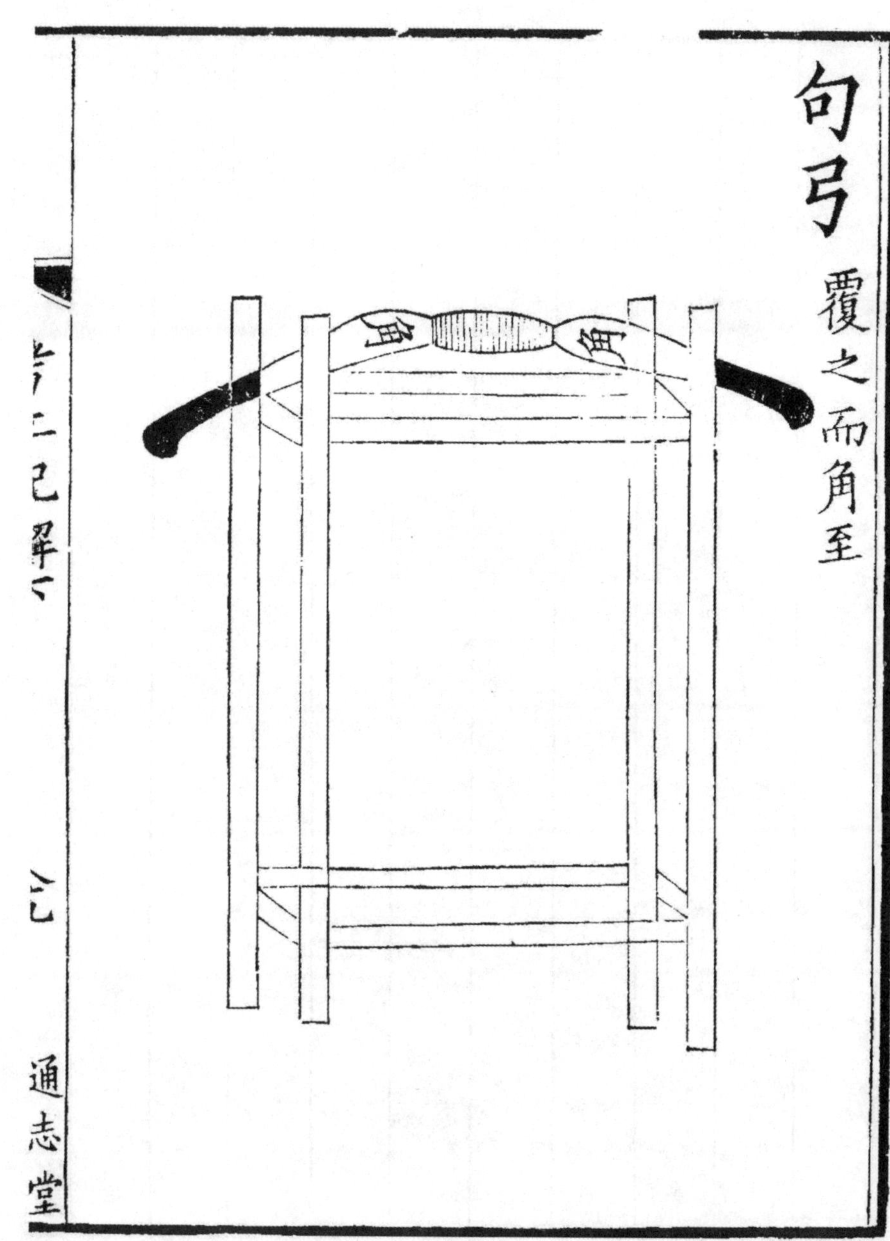

句弓

覆之而角至

句股法

注云二尺爲句（以弓近平平處二尺爲句也）四尺爲弦（特長四尺爲弦也）以求其股（是求直平者下）

疏云弦者四尺（四四十六爲丈六尺）句者二尺（二如四爲四尺）以句除弦則丈六弦中除了四尺仍有一丈二尺在也然後以筭法約之將此丈二而方之取九尺來分作三截一三尺相裨排來共得方三尺也（蓋丈二尺亦廣一尺把三个長三尺廣一尺者來捆裨則成方三尺也）向來丈二只分了九尺則尚有三尺在將此三尺分作兩畔則各廣五寸而長三尺以此五寸裨前方三尺之兩邊每邊五寸則共有

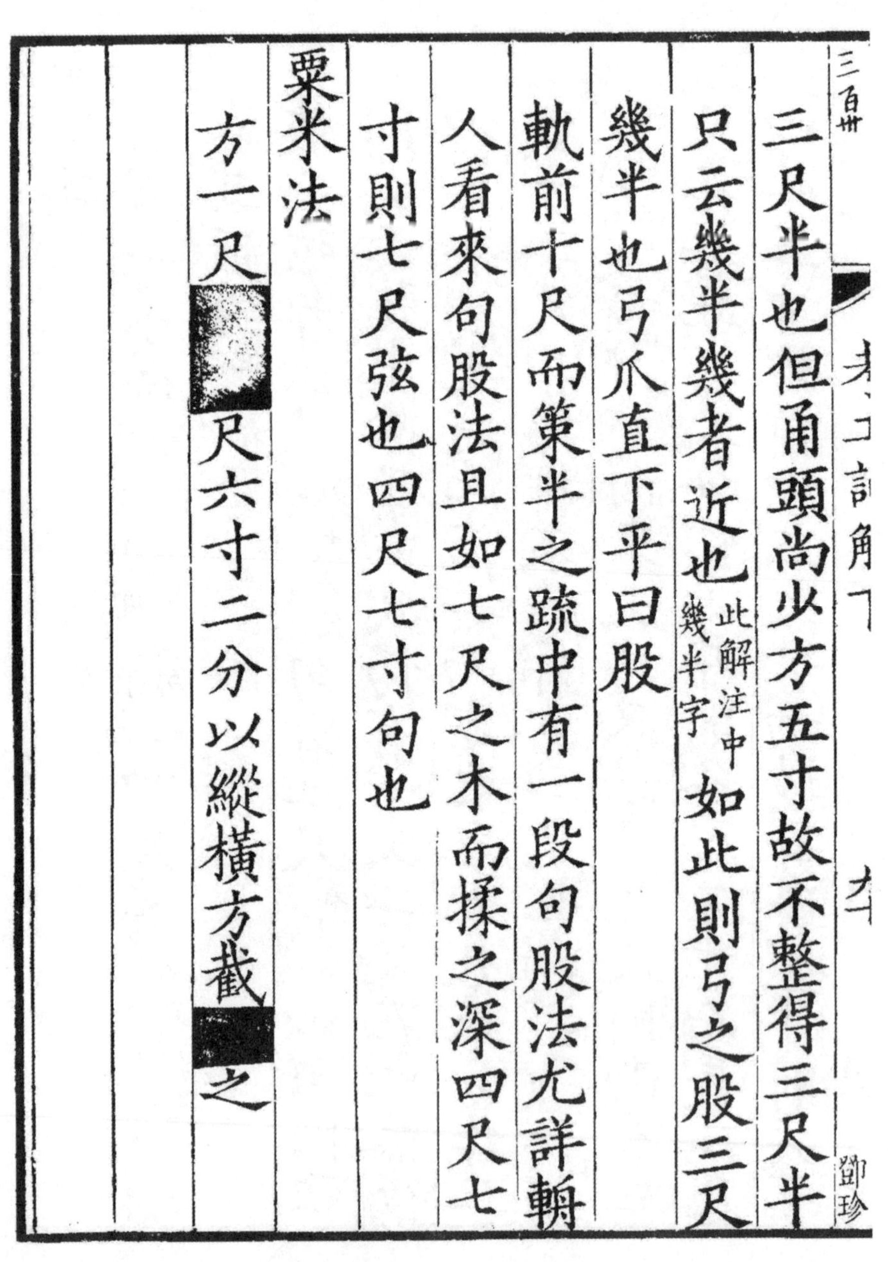

三尺半也但甬頭尚少方五寸故不整得三尺半只云幾半幾者近也（此解注中幾半字）如此則弓之股三尺幾半也弓爪直下平曰股

軌前十尺而策半之跡中有一段句股法尤詳輈人看來句股法且如七尺之木而揉之深四尺七寸則七尺弦也四尺七寸句也

粟米法

方一尺■尺六寸二分以縱横方截■之

考工記釋音下

玉人

信申 冒一作瑁 龍厖 瓚贊 必如字又音鼈 杼拄

祼灌 易亦 行去聲 好去聲 射石 衡横

琢篆 頫眺 駔祖 㮚栗 勞去聲

楖人

楖櫛

磬氏

句勾 耑端

矢人

二万九十三

鍭侯 茀弗當作殺 羽去聲下同 笴槀下同 比鼻 憚怛又音歎又平聲

鋌挺 垸丸 俛免 趮躁 橈鬧 稱去聲

相去聲 摶團

陶人

甗言上聲一音彥 鬴甫 甑去聲 鬲歷 觳斛

旊人

旊音倣下同 髻刮亦作朗 薜擘 暴剝 膞船注音旋 縣玄下同

中去聲

梓人

簨筍 脰豆注音晝又鬭鑄二音 弇掩 數促又音卹 頎慳又音肯

䌕隆殺之殺 簭筮 䅺雎一作頹

廬人

廬爐 柲閉 殳殊 酋在由反 已以 句鉤

彈音但 蜎袁消絃三音 椑皮 摶團 毄計又音擊 校絞

傅附 晉如字又音箭 灸救

匠人

槷言入聲 縣玄 涂塗 朝調 重平聲 度鐸

乘去聲

匠人爲溝洫

甽畎 阞勒 屬注 孫巽 梢蕭又如字 奠亭

網隆殺之殺里讀爲已茸緝又音集窌教

車人

欘祝

車人爲耒

庛泚又音雌去聲中如字又去聲推如字又湯雷反

車人爲車

輮揉又音柔牙訝綆方穎反牝步忍反服負較角

弓人

檍薏又音意檿掩相去聲鄉向遠去聲射石

菑側又如字栗音列如字迆以網生殺之殺又色例反紾珍

昔（錯又音鵲）剒（腦）休（呴下同）畏（隈）脃（脆）摶（團）

訓字疑似

據注家音訓如休畏斥昔荼等字猶可以偏旁聲類揣摩之至若羽荼宛數字誠可疑也

菑栗（上音兹下音烈）迣（音移）繝（音殺）紾（徒展反紾縛理麤）昔（作錯字讀）險（訓傷）

休（作呴音）畏（作隈音）廉瑕（皆訓嚴利）奠（作定音）荼（作舒音）帑（作襦音去音女居反）

摯（訓致）恒（作縆讀音更又訓竟）校（訓疾音絞）茭（司農音激又音骰）撟（尼兆反無訓詁）宛（訓引）

羽（讀爲扈訓緩）斥（音尺蠖之尺）

唐楊倞注荀子亦曰古今字殊齊魯言異或取偏旁相近聲類相通此即二鄭舊法也

鬳齋考工記解下

後學 成德 挍訂